本研究项目由国家自然科学基金资助 项目编号：52078135

闽东地区海港城市
传统民居类型及其演变

赵 冲◎著

中国建材工业出版社

图书在版编目（CIP）数据

闽东地区海港城市传统民居类型及其演变／赵冲著 . —— 北京 ：中国建材工业出版社，2022.11
ISBN 978-7-5160-3577-1

Ⅰ．①闽… Ⅱ．①赵… Ⅲ．①港湾城市－民居－建筑艺术－研究－福建 Ⅳ．①TU241.5

中国版本图书馆CIP数据核字（2022）第168342号

闽东地区海港城市传统民居类型及其演变
Mindong Diqu Haigang Chengshi Chuantong Minju Leixing jiqi Yanbian

赵冲　著

出版发行：中国建材工业出版社
地　　址：北京市海淀区三里河路11号
邮　　编：100831
经　　销：全国各地新华书店
印　　刷：北京印刷集团有限责任公司
开　　本：787mm×1092mm　1/16
印　　张：9　插页：1
字　　数：160千字
版　　次：2022年11月第1版
印　　次：2022年11月第1次
定　　价：98.00元

作者简介

　　赵冲（1981年生），留学日本12年，日本滋贺县立大学环境科学博士，师从日本著名建筑研究家与建筑评论家布野修司教授。现为福州大学建筑与城乡规划学院校聘教授、建筑系主任、院长助理、硕士生导师。主要研究领域为亚洲城市与建筑研究、传统民居谱系研究、古建保护规划与设计。主持国家自然科学基金项目2项、福建省自然科学基金1项，曾参与多项国家自然科学基金课题，在《城市规划》《世界建筑》《建筑与规划学报》（日本建筑学会主办）等权威刊物发表论文共二十余篇。

SEQUENCE

序

　　去年夏天，福州大学建筑系赵冲教授专程来到我在上海的研究室拜访，向我详细介绍了他近年来所做的福建沿海城市以及东南亚城市的关联研究。当时，我正带着团队开展海南文昌华侨住宅的研究工作，由于文昌居民的构成主体是来自福建的移民——他们至今讲着古老的闽南话，且华侨侨居的国家也以东南亚为主，因此我对他的研究产生了浓厚兴趣，我们就共同关心的问题交流良久。今年六月，他又来信告诉我他的新著《闽东地区海港城市传统民居类型及其演变》即将完成，希望我为他的这本著作写篇序言。他来信时已远赴日本，与日本学者合作展开有关东南亚建筑的研究。不久，他通过电子邮件发来了著作文稿，粗看之后，我便愉快地接受了他的托付。

　　按福建传统的地域划分方法，闽东地区主要指的是今天宁德市和福州市的行政辖区，宁德市位于闽东的北部，福州市处在其南部，都是闽东话流行的区域。时至今日，福州早已成为福建省的省会城市，是福建的政治、文化、经济中心，因此也渐渐地成为了福建人心目中的地理中心，于是闽东这一说法在今天的福建人心中更多地倾向宁德一地，亦即真正的闽东北一带。

　　从历史维度来看，闽江口（今福州）在东汉时期设置县治，成为福建最早的县级行政机构，也是八闽大地最早被中原王朝开发的地区；在文化上，闽东也是福建被中原王朝最早教化之地，号称"开闽第一进士"的薛令之出生于唐朝的长溪县（其出生地今属宁德市福安市廉村）便是明证；在政治与经济上，福州府与福宁府在历史上也是处于福建较为优势的地位。尽管自近代以来，地处闽南地区的泉州港、漳州港对外贸易和影响力居于全省前列，厦门港的影响力在福建全省也更趋重要，但闽江流域及其东北地区，亦即闽东地区，同样成为了福建省内非常重要的一个区域，它更多地体现了国家意志与政治功能。福州作为全省的政治、文化、中心城市，自明代以来即接待琉球贡使，以行封贡贸易形式，并在福州水部门外，设置了"怀远驿"馆舍，接待相关使者。清代维持明制，只是改馆舍为"柔远驿"，其功能依旧是接待贡使。因此，在对外贸易方面，福州是代表国家维系朝廷封贡贸易体系之所在，所具有的历史地位非其他港口城市可比。[1]

当然，由于福州控制着闽江流域内广阔腹地的丰饶物产与对外贸易，西方殖民者对此觊觎已久。对于英国商人而言，福州作为对外开放的港口城市，其最大的吸引力还在于来自闽江上游武夷山区所产的优质红茶。[2]所以，在中英鸦片战争之后，除"厦门"被要求开放之外，英国政府还强行要求清政府开放了"福州"。如果说闽南地区的海港城市更多是作为福建省以及国家对海外诸国进行经济贸易和文化交流的平台的话，那么闽东的港口城市则成为了福建省与相关国家政治、文化、互通物资、人员和信息的枢纽，因此，研究这一地区的港口城市和传统民居当然就具有非比寻常的价值和意义。

我在十八年前着手闽东长溪流域木拱廊桥及乡土建筑研究的时候，就得到了好朋友——复旦大学历史地理研究所的吴松弟教授提醒，他告知我，中国东南一带基本都是小流域的地理特征。随后，在我的研究中又进一步发现，中原王朝对东南沿海小流域的控制基本都是从河流的入海口设置郡县治所开始的。从钱塘江往南一直到珠江，其间属浙江省的就有灵江—临海（台州府城）、瓯江—温州（永嘉郡城、温州府城）、飞云江—瑞安（安固县治、瑞安县治）；属于福建省的有长溪（或称交溪）—福安（福安县治）[3]、闽江—福州（福州府治）、晋江—泉州（泉州府治）、九龙江—漳州（漳州府治）；属于广东省的有韩江—潮州（潮州府治）等，几乎无一例外。之所以东南沿海地区基本都属于小流域的地理形态，其根本原因就是地形因素。东南地区是山的王国，群山割据，造成了各个相对隔绝的地理单元——山谷及其谷地形成的流域小平原。既然这些东南沿海的郡县州府基本都处在流域的出海口，它们就牢牢地掌控了全流域广阔腹地的出海命脉。从这一点看，历史上中原王朝对东南地区的行政干预既务实，又非常准确地把握住了东南形胜的关键。

从自然地理和经济地理的角度，这些沿着出海口布置的郡县州府治所，都有可能成为当代所谓的海港城市。具体对闽东地区而言，最具海港城市特质的是福州、宁德以及福安等市。对于一个优良的港口而言，其形成至少需要具备两个基本条件：一是要有足够的自然地理条件，简单地讲就是需要有足够水深的海岸；另一个就是其经济辐射能力需要足够强，换句话说它的腹地具有足够支撑港口的货物吞吐量。福州地处闽江入海口附近，拥有福建省内最大的河流及其广阔腹地，其作为港口城市的条件最为优越；宁德拥有自古形成的三都澳深水良港，也是海港城市发展的理想之地；福安在唐末五代时期，闽王王审知便在长溪入海口建设码头，黄岐镇的开港就颇具神话色彩，自此后甘棠港成为了闽东海上贸易的重要起点。[4] 福安依托长溪流域及其广袤腹地，其区域跨越了闽浙两省的政和、宁德、福安、寿宁、周宁、福鼎、泰顺、庆元等市县，其经济辐射能力并不薄弱，当然也是港口城市的优选之地。1915 年，福安茶叶就是从这里跨越太平洋去到万里之外的旧金山，参加了巴拿马万国博览会并荣获金奖的。

赵冲是在日本完成的大学和研究生教育，2010 年获得滋贺县立大学环境计划学科建筑专业的博士学位。因此，可以说，赵冲接受的建筑学专业训练和建筑史及至城市史的研究训练基本上都属于日本的学术体系与学术风格，即所谓"东洋学派"。在近现代以来的亚洲学术界，东洋学派素以严谨和踏实的学风著称，以日本学者为主体的这一学派的学者们，由于对文化发展与传播的一贯重视，也使得他们相比其他国家的学者而言更具国际性视野。赵冲留学日本时的博士研究生导师便是著名的城市与建筑研究学者、建筑评论家布野修司教授。多年前，我了解到布野教授对亚洲城市与建筑方面的研究,也拜读过他主编的《亚洲城市建筑史》一书。

针对亚洲城市与建筑文化遗产的研究,作为方法论而言,日本学者与国内学者确实存在着差异。就以布野修司的研究为例,诚如赵冲在本著作中所提到的那样:在20世纪80年代末期,布野修司在以"城市组织"为基础,通过"建筑类型学"分析研究了印度尼西亚居住环境的变化,提出了解决问题的建筑体系方法论。他从地球环境的角度出发,尝试建造了泗水生态房屋,做到了理论和实际相结合。在之后的大元都市、印度都城、世界殖民城市体系、西班牙网格城市、莫卧儿都城等一系列的研究中,布野修司从城市的街巷系统、设施分布、街区组成、建筑类型等构成城市组织的诸要素开始,对城市的起源、规划理念、空间构成及其变迁进行了详细的阐述。

为此,布野修司等日本学者在《亚洲城市建筑史》一书中,"多层次地展现了亚洲城市、建筑历史的多样性。特别是关注了城市与建筑的密切关系。关于建筑的介绍除了基础的数据外,重点放在其空间构成及设计手法上。"[5]此外,读者似乎还很容易联想到布野修司的此项研究,对揭示跨越地域的建筑文化谱系与亚洲地域的关系,和这种地域的生态结构及其基于其上的建筑体系都大有裨益。

师从布野修司教授的赵冲,自然也尝试运用同样的方法论来对闽东地区海港城市及其传统民居做相关研究。稍显遗憾的是,在赵冲的著作中缺少了闽东地区有关长溪流域——福安地区的港口城市及其建筑方面的内容,但他的研究仍然覆盖了闽东至为重要的两座具有悠久历史的海港城市——福州和宁德。

赵冲通过梳理宁德古县城的发展历程,对宏观层面的城市总体空间形态特征,中观层面的街巷体系和街廓单元,微观层面上的传统院落形态及其民居建筑要素进行了较为深入和细致的研究,其研究发现在一定程度上弥补了现阶段学术界对宁德地区城市空间形态和历史街区研究的不足。此外,他还从宁德城市整体格局、街区街廓形态、传统院落形态这三个层面逐级展开宁德历史街区空间形态的全面研究。

尽管,"乡—里—都—图"的体系在福建省自南宋以来即为官方统计田地权属的鱼鳞图册所采用,是南方地区流行甚广的四级区域管理体系。

但是，在宁德的城市与乡间还沿袭了"境"的区划层级。经赵冲研究发现，"图"在宁德传统聚落社会更多地运用于官方生产空间管理，而非基层居民日常的生活空间。因此，在宁德县明清时期户籍及区域管理的表达中，都往往与"境"连用，出现在书信、碑文及日常的信俗活动中。在宁德城乡，明清时期存在的"境域"空间大部分得以保留，古城内明以来的"五街十境"空间区划，每一境皆设境庙，作为基层民众的信俗活动中心空间依然存在；而在乡村聚落中，一"境"的范围大致相当于一个自然村落的领域。"境"作为明清时期宁德县城内基层社区的组织单位，在民国之后逐步失去行政区划职能后，代之以基层信仰空间的形式存在。

在本著作中，赵冲除了对"境"的功能与规模作探讨之外，他还揭示了"境"的物质空间构成要素——境庙、境门、境内院落和游神路线，和"境"在形态上的四个特征——变化性、空间性、主观性和人本性，以及在宁德县域内城市空间的发展与演变历程。

赵冲对宁德传统民居的研究也别具特色。他正是运用布野修司等日本学者的方法，从城市空间到街巷体系和街廓单元来对传统的民居建筑形态及其演变进行研究。换言之，他是用从宏观到微观的视角来对传统民居进行观察与探究，也是从院落的外围、边界到院落形态本身的方法来对传统民居进行由外及里的剖析。他研究传统民居的方法，似乎更像一位城市规划学者或城市史学者。赵冲对民居的这种研究方法，与中国学术界盛行的传统研究方法有着很大的不同。当然，传统的研究方法更加关注民居本身的空间形态、间架结构以及木作技术等方面内容；赵冲的研究却更加关注城市空间、街廓单元和院落边界等城市规划与设计的视角，也更注重传统民居与街区构成的空间关系。可以说，两种研究方法各有侧重，亦各有所长。

在闽东的港口城市中，福州城的情况与前者有所不同，它的历史与规模显然比宁德及福安县城悠久和宏大，而它的城市空间格局及其各阶段建设情况也相较复杂得多。

福州的得名源自唐朝开元十三年（725 年）的福州都督府，"福州"之"福"字取自城西北的福山。[6]据相关学者研究，始于汉代，历经晋隋唐各历史时期的开发与经营，闽江下游的福州城已经相当繁荣，并在五代十国时期已经成为闽国的都城。如果从晋太康三年（282 年）晋安郡郡守严高在福州屏山南麓筑子城算起，福州城已逾 1700 年的历史。福州城能够得到较大的发展，成为闽国的都城，闽王王审知功不可没。他在子城外加筑方圆四十里的罗城和南北夹城，福州"三山两塔"（屏山、乌山、于山，乌塔、白塔）的城市空间格局从此形成。[7] 此后相当长的历史时段里，福州城便成为"子城"——内城和"罗城"——外城组成的双城结构，并由此形成内城为政治中心、外城为居住区和商业区的功能分区。

赵冲对福州城空间格局的研究更着重于鸦片战争之后所带来的系列变化。他在著作中提及：福州城从 1919 年起，开始拆除城墙，筑成环城马路。1928 年以后，市区内的主要道路开始陆续复兴。福州城原先的内外城空间及功能分区格局，自"五口通商"后，开始逐步往闽江两岸街市转移，并由古城往新区转向，经狭长的茶亭街，新兴的城市中心像一条扁担，一端挑着"三山两塔"，另一端挑着南台商业区，这是福州城市发展到近现代阶段所形成的空间特色。北自屏山沿着永定门（冶城），虎节门（子城），利涉门（罗城），宁越门（外城）和府城的合沙门沿今八一七路全线，一直向南延伸到烟台山，形成了一条始终不变的中轴线。客观地讲，福州城市空间格局在历史上的发展演变过程和缘由是较为繁复的，尤其是鸦片战争以来近现代城市空间发生了剧烈的演变。赵冲在研讨时没有陷入到这一复杂而烦琐的历史演变细节上，而是通过对福州城里遗存下来的三个最为重要的历史街区——三坊七巷、朱紫坊和上下杭为例，对其进行了深入的解剖讨论，以此来对整个古城空间发展演变做以点带面的概述和研讨。当然，针对福州城市历史空间格局的演变，如果再做更多的深入拓展研究，相信一定会为本著作增加更多的亮点和价值，或许，这正是赵冲在以后的系列研究中需要着重注意的问题之一。

赵冲在本著作中主要讨论的两大内容之一是闽东传统民居问题，因此，我觉得在这里必须简要回顾一下先前学者们对于闽东传统民居研究做出的贡献。

高轸明、王乃香、陈瑜在 20 世纪 80 年代末期撰写的《福建民居》（中国建筑工业出版社）是改革开放后出版的此领域早期的研究成果。在这部开先河的福建民居建筑研究著作中，作者在第二章"福建民居的群体组合"中的"城镇街坊"一节里，首先就探讨了福州城的"三坊七巷"。虽然讨论非常简略和概括，但却是民居研究界作为城镇街区层级研讨"三坊七巷"之先河。随后，黄为隽、尚廓、南舜熏、潘家平、陈瑜等在五年后合作出版的《闽粤民宅》（天津科学技术出版社）则将福建与广东民居纳为一体进行整体探讨，该书更多是从建筑设计的角度总结传统民居的营造特点，多集中在建筑平面和空间上进行研讨。黄汉民在 1994 年与乡土建筑摄影家李玉祥合作出版了《老房子——福建民居》（江苏美术出版社），这部书是以李玉祥拍摄的乡土建筑黑白照片为主体内容，是江苏美术出版社的"老房子"书系之一。黄汉民撰写的文字虽然并不多，但他在这部书里率先在学术界将福建民居按所在区域的不同做了地域风格的划分。他认为闽东民居最大限度地继承了中原建筑文化，并将灰砖砌筑和木构作为闽东民居结构性用材的最大特色。21 世纪初，戴志坚出版了其博士论文——《闽海民系民居建筑与文化研究》（中国建筑工业出版社），这是他在导师陆元鼎先生指导下的、以方言区为特征划分的民系民居研究方法在福建省的研究实践成果。戴志坚的福建民居研究在黄汉民研究的基础之上，进一步对福建各地的传统民居建筑做了更加细致的区系派分和深入讨论。他将闽东民居按建筑特色划分为福州片区和宁德片区，他认为宁德片区的传统民居又以福安最有特色。其后，戴志坚在福建传统民居的研究中出力犹勤，成果也最为丰富。2009 年，他出版了《福建民居》（中国建筑工业出版社）；2020 年，他在 2003 年出版的博士论文基础上，又做了大规模的扩充拓展修订，完成了他对福建民居研究的收官之作——《闽海民系民居》（华南理工大学出版社）。后者不仅仅是学者研究福建传统民居的集大成者，也是戴志坚数十年民居研究的代表性成果。

显然，赵冲对以上学者的研究成果是有借鉴和反思的。诚如我在前面所述，由于研究着眼点的不同，赵冲对闽东传统民居的研究方法和研究内容与前辈学者的研究差异颇大。这一点也恰恰映照出赵冲的研究在前辈学者相关研究成果中的独特价值。赵冲的著作中收录有大量极具价值的闽东城市古旧地图、街区和传统民居建筑的测绘图，这些成果是他自博士研究生起就开始积累下来的研究材料。从这个意义上说，这部书虽然从写作时间上看似乎仓促了些，在研究内容上也看似单薄了些，但从实际策划与准备的角度来看，它还是一个具有充分酝酿过程的研究项目。当然，如果要从更高的标准来衡量赵冲的新著，仍然有许多方面的研究是可以进一步加强和拓展的。

我相信，这部著作仅仅只是赵冲在国家自然科学基金资助下，对"海上丝绸之路"沿线城市史和传统民居研究成果的一部分，并不是此项研究的终结。因此，我非常期待他更新的、更为深入的研究成果早日结集问世！

上海交通大学建筑学系主任、教授、博士生导师：

2022 年 10 月 5 日于上海武夷花园

注释：

1. 福建通志（四库全书）：卷十八．

2. 王尔敏．五口通商变局［M］.桂林：广西师范大学出版社，2006.

3. 据目前历史学研究成果，唐代长溪县的县治设在今福安东面的霞浦县，而非今日长溪（地理界称为交溪）河口，但也属于其入海口附近的三角洲。同样，元代所设的福宁州、清代的福宁府治所也都设在今霞浦境内。当然，历史上的这些治所并不在今日霞浦县县城所在地，据称其旧址大概设在今天一个名叫旧县的地方。

4. 刘杰，陈昌东．乡土福安［M］.北京：中华书局，2016.

5. （日）布野修司，（日）亚洲城市建筑研究会．亚洲城市建筑史［M］.胡慧琴，沈瑶，译．北京：中国建筑工业出版社，2010.

6. 福建通志（四库全书）：卷二十二．

7. 戴志坚．闽海民系民居［M］.广州：华南理工大学出版社，2020：241.

前　言

　　本书作为著者主持的国家自然科学基金青年项目（项目号：51608124）的后期成果以及国家自然科学基金面上项目（项目号：52078135）的阶段性成果，是"海上丝绸之路"（简称"海丝"）沿线城市史和传统民居研究的一部分。发展与"海丝"沿线国家的政治、社会、经济、文化等领域的广泛交流与合作，是建设"海上丝绸之路经济带"的重要需求。深入了解华人在"海丝"沿线国家和地区的经济与社会活动，对解读中华文化在"海丝"沿线国家和地区的文化传播具有重要意义。为加深和增进我国与"海丝"沿线国家和地区的文化交流与理解，有必要深入研究我国悠久历史文化对沿线国家和地区的影响及传播情况，通过对沿线国家现存华人传统民居空间组织的调研考察，厘清历史上华人在"海丝"沿线国家和地区的经济、文化和生活等活动及其文化传播的状况，对扩大中华文化在世界的影响力，有着十分积极的时代意义。

　　著者最早介入该研究领域是在2008年，之后完成了福州、泉州、漳州城市组织及其民居类型研究的博士论文。本书是对过去研究工作的阶段性总结，同时增加了宁德城市形成和民居研究的内容。本书聚焦于闽东地区海港城市宁德和福州，从城市的空间演变（城市组织的演变）、传统民居演变的角度展开讨论。

　　海港城市是不同文化背景的商人和船员以及原住民等聚集的地方。本书主题是比较不同传统民居的类型及其演变，基于地形、气候、文化、语言等影响因素，研究多元文化背景下传统民居的演变与传承。受独特的"八山一水一分田"及"以海为田"的地貌特征及向海发展的海洋文化影响，福建形成了众多特色各异的海洋城市。历史上漳州、泉州、福州、厦门、宁德等海港城市，自古以来，除了商贸往来，更重要的是文化交流和传播。在海港城市日益发展的同时，传统民居（住宅）形式发生了怎样的变化呢？

有关"海洋城市"的研究，可以追溯到 F. 布罗德尔的《地中海》（Braudel，1949，学位论文《地中海与菲利普二世时代的地中海世界》），他被学界认为是海港城市研究的鼻祖。海港城市位于"陆域"与"海域"的连接点，连接"陆域"与"海域"。海港城市的特性鲜明，不但具有一般城市的基本功能，尤其重视市场、码头、海关、城塞、市场、仓库、造船厂等空间要素。与都城（帝都）研究不同，都城研究以中国城市史学、考古学为背景，主要考察城市规划理念，即王宫、皇城、城墙（城门）、祭祀建筑等主要设施的空间布局等问题。

本书的重点是研究城市的形态及其空间结构，聚焦于"城市组织（urban tissue，urban fabric）"和构成其要素的建筑（住宅）类型。所谓"城市组织"，即把城市比喻成建筑物组成的集合体，"城市组织"是由一个或多个组织体组成。一般来说，与国家有机体、社会有机体类似，城市也是一个有机体，由基因、细胞、脏器、血管、骨骼等生物组织要素构成。[1]

"城市组织"的研究对象是构成城市的街区或是居住地，或是由这些要素组合形成的城市整体。简单说就是组成城市基本单位的住宅或者与住宅相关的设施以及街区的特性。影响民居空间形态的要素（影响因子）有很多，本书主要聚焦于土地（宅基地）的形状及其所属关系，以及决定宅基地形态的建筑类型（民居类型 dwelling house typology）。

自古至今，我国的城市型传统民居建筑以四合院为主，在海港城市，另一种城市型传统民居样式称为"店屋"或"街屋"。在福建的海港城市里，各地叫法不一，闽东地区称"柴栏厝"或"柴板厝"，泉州称"手巾寮"，漳州称"竹篙厝"。其特点是面宽较窄、进深长，并带有小天井的"商住店屋"。此外，在闽南的海港城市中，出现了被称为骑楼或"五脚基"的店屋类型，此类型是"新马"华侨最常见的住宅形式，在东南亚地区称为"shophouse"。

1　N.John Habraken，荷兰建筑师、建筑理论家。1928 年出生于印度尼西亚的万隆。毕业于代尔夫特工科大学（1948—1955）。在埃因霍温工科大学成为 MIT 教授（1975—1989）。Open Building System 的倡导者。

　　本书以闽东地区两座海港城市（宁德、福州）为对象，着眼于城市街区空间与传统民居的组成关系，并非单纯的建筑史学研究。当然，从建筑学本体的角度看，核心问题放在民居的空间单元及其组合关系上。通过建筑类型学的研究方法，集中考察平面形制、正厅大木结构类型及其演变过程，进一步通过对典型民居的类型解读和量化分析，揭示海港城市传统民居空间的文化特点，推动当前民居保护和设计实践中的理论与方法的创新。

赵　冲

2022 年夏　于日本兵库县

目录 CONTENT

延平

白
马
南
路

隆
平
路

南
国
弄

万隆弄

三　通　河

第一章

导论

本书从以下几个方面对研究现状进行梳理和回顾,有助于了解闽东地区海港城市史、传统民居等有关的问题。

一、"城市组织"研究

作为研究方法论,尤其值得关注日本学者的工作。1987 年,布野修司以"城市组织"为基础,通过"建筑类型学"分析研究了印度尼西亚居住环境的变化,提出建筑体系方法论,从地球环境的重要性出发,尝试建造了泗水生态房屋,做到了理论和实际相结合,之后的元大都、印度都城、世界殖民城市体系、西班牙网格城市、莫卧儿都城等一系列的研究,从城市的街巷系统、设施分布、街区组成、建筑类型等构成城市组织的诸要素开始,对城市的起源、规划理念、空间构成及其变迁进行阐述。1996 年,从意大利留学回日本的阵内秀信对北京的城市空间构成原理和近代演化过程进行了系统研究,将建筑环境分为形式、地点和内容并按顺序来分析,这三类基本原则大致对应物理、生物和社会领域,在类型演进过程相关概念的基础上,提出"结构化"城市理论方法,并寻求表达类型过程和相关社会文化动力机制。可以看出,国内关于城市组织的研究还有不足,国外学者的研究关注"都城"的比较多,而对南方城市,特别是海港城市研究仍然偏少。

值得一提的是,本书著者的博士论文虽然对福建的 3 座海港城市进行了考察,但由于当时学识水平有限,只对城市内的传统民居的平面类型进行了讨论,忽略了其剖面空间的演变机制以及对各城市区域的传统民居类型的深入研究。

二、宁德、福州的城市史研究

关于宁德空间研究主要聚焦在宁德地区的民居、传统聚落等方面:聂彤以宁德霍童古镇传统聚落为研究对象,论述了霍童民居建筑外部特征与建筑结构的关系(2008 年)。孙雪艳以宁德腹地传统聚落作为研究对象,梳理了宁德地区建筑形制与地域特色(2015 年)。在经济学研究方面:

宁德三都澳在民国时期被誉为世界东方大港，现在三都澳是宁德市城市空间重点发展区域，如何构建环三都澳经济区，复兴海洋贸易，驱动宁德经济发展成为这一时期研究主要的着力点。在民俗学研究方面：宁德地区因其闽头浙尾的地理区位、山海交融的地貌特征、多民族共处的族群特征，产生了多元浓郁的地方文化。现在民俗学研究聚焦在"释教""马仙"等中国传统及地方民间信仰的源流探寻和天主教等西方宗教在宁德的发展模式。历史研究方面：宁德建置已有千年，其所在闽东北地区的东海西山的地貌特征差异较大，但在较长的一段时间内区域社会、文化发展进程保持一致，其形成原因被学者关注。明清时期，闽东地区是福建受"倭寇"侵扰最严重的区域，治所和卫所的历史发展是历史研究的关注对象。此外历史上宁德地区县级建制较多，所保留的方志、专志内容和辑佚也是历史研究的主要对象。

总体来看，关于宁德地区的研究涵盖经济学、民俗学、历史学、建筑和规划学等方面，其中建筑学和规划学的研究视角主要集中于闽东传统民居、宁德乡村传统聚落，暂无关于宁德地区城市街区方面的空间研究。本书通过梳理宁德古县城的发展历程，对宏观城市总体空间形态特征、中微观街巷体系、"街廓"单元、传统院落形态、民居建筑要素进行研究，一定程度上完善了宁德地区城市空间形态、历史街区研究匮乏的现状。从宁德城市整体格局、街区"街廓"形态、传统院落形态这三个层级展开宁德历史街区空间形态的研究。

郑力鹏是较早开展福州城市形成研究的学者。后来，李明伟的公元十至十九世纪福州城市外部形态与城市功能区演变研究，从历史地理学的角度来探讨福州城市外部形态和功能区的演变；黄展岳则从考古学的视角开展冶城历史与福州城市考古论研究；吴巍巍所关注的是晚清开埠后福州城市社会经济的发展与变化。

此外，有大量学者关注近代福州城市形态演变和发展。以历史街区为对象的研究也不少，三坊七巷、朱紫坊和上下杭以及烟台山，更多的从保护发展策略的角度展开。

三、传统民居平面研究

我国对传统古民居的研究从二十世纪四十年代开始，众多学者分别从建筑层面、历史文化层面、保护与开发层面进行研究，其中建筑层面的研究主要是从聚落空间布局、建筑材料结构到建筑装饰色彩三个层次进行，历经半个多世纪发展的古代民居研究已从以考古为目的的理论研究转变为以保护、开发为目的的研究。

1941年，刘志平的《四川住宅建筑》通过实地调研对四川各地传统建筑进行描述；1957年，刘敦桢在《中国住宅概说》一书中从平面功能分类的角度对中国各地传统合院民居进行论述；1978年，陆元鼎在《南方地区传统建筑的通风与防热》一文中从建筑朝向布局、室内外空间处理、屋面墙体、门窗等六个方面对南方传统合院民居的通风与防热进行探讨；1990年，阮仪三在《中国苏州传统合院民居形成的研究》一文中从聚落、建筑两个层面对苏州传统建筑空间形成的历史和特征、街道空间布局、传统合院民居的构成概念和细部构成进行论述；1998年，陆琦在《传统合院民居装饰的文化内涵》一文中对不同部位、不同材料上不同的装饰题材所蕴含的艺术表现力及感染力进行了探讨；2010年，陆元鼎在《建筑创作与地域文化的传承》一文中论述了建筑创作对地域文化的传承作用，并论述了建筑创作的原则与方法；赵鹏和关瑞明也对福州地区的大厝进行了系统的研究。

关于福建民居的研究，1986年，汪之力在《闽粤乡村传统民居与新建住宅的调查》一文中结合建筑图对两地传统合院民居进行描述；1994年，李乾朗在《从大木结构探索台湾民居与闽、粤古建筑之渊源》一文中尝试分析了传统合院民居中大木结构的结构作用与形式意义；1997年，余英在博士论文《中国东南系建筑区系类型研究》中从历史民系地域的角度，探讨聚落和建筑与宗族组织、家族生活间的关系，对不同地域的建筑模式及衍化予以比较研究；2001年，戴志坚在博士论文《闽海系民居建筑与文化研究》中提出了从民系—语言—民居类型的演变模式，分析了地域性文化与民居建筑的关系；2010年，张玉瑜在《福建传统大木匠师技艺研究》一书中针对福建地区传统营造体系中的大木匠师技艺和大木作技术进行记录、解读与分析研究；2005 年；黄汉民在《福建传统民居类型全集》一书中从典型代表建筑、传统建筑形式、地域特色语汇、建筑细部装饰四个方面对福建传统合院民居类型进行梳理。

四、传统民居大木结构研究

中国传统建筑研究包括传统民居与营造技艺研究，自 1929 年中国营造学社以梁思成、刘敦桢为代表的第一代中国建筑史学者开始，已积累了大量的研究成果，有关传统民居与营造技艺的研究成果有《中国住宅概说》《中国建筑类型及结构》《中国居住建筑简史》，以及住房城乡建设部多次组织编写的中国民居系列丛书等。这些有关南方民居系列的研究主要集中在基于大量田野调查、资料收集的基础上，对南方各地域传统民居的地域历史文化、建筑类型、空间形态以及基本建造特征等的研究，为南方传统民居类型及其营造谱系研究提供了重要的资料性、基础性支撑。在传统民居大木构架的营造技艺方面，北方有对"三晋匠作"、清工部《工程做法》为主的官式做法整理研究；南方有对香山帮等一系列南方传统匠帮营建技艺和技法的整理，并在南方传统营造技艺研究方面形成突破。主要成果有：《中国木构建筑营造技术》《中国古建筑木作营造技术》《中国古建筑营造技术导则》，以及南方的《苏式建筑营造技术》《苏州民居营建技术》《福州民居营建技术》《泉州民居营建技术》等。其中，朱光亚的以传统民居结构类型为主线的地域区划及古代木结构谱系研究，李浈的泛江南地域乡土建筑营造技术谱系研究，抓住中国历史上驿路、水路、海路、商路、移民道等重要文化和技术传播路径，以"意、技、形"为核心，探讨这些主要线道上乡土营造技艺和建筑形制间的异同和关联，进而解决南方营造技艺传播的线路、方式、内容、规律等一系列问题，系统梳理了南方传统营造技艺区划与谱系研究的基本框架。另外，肖旻的古建筑木构架类型等多数成果对传统民居营造谱系研究进行了探索。

此外，还有许多有关南方传统民居及其营造（营建）技艺的研究成果，如：陈志华的乡土建筑建造年代判定研究，李浈的中国传统建筑形制与木构造工艺研究，李久君的赣东闽北木构架侧样研究，肖旻、杨扬的广府祠堂建筑尺度模型研究，孙大章的民居建筑的插梁架研究，王冬的乡土建筑建造技术研究等。相关学位论文成果有：《江南木构营造技艺比较研究》《徽州传统民居木构架技艺研究》《瓯越乡土建筑大木作技术初探》《香山帮传统建筑营造技艺研究》《江南传统木构建筑大木构造技术比较研究》等。这些成果为南方特别是福建地域传统营造谱系研究提供了大量基础性、有深度的方向性成果。

关于福建传统民居大木构架营造技艺，张玉瑜的《福建传统大木匠师技艺研究》，通过对福建现在的大木匠师及传统建筑的调查访谈记述、梳理和整理，大致对福建主要地区大木匠师的匠艺做法与工艺特点进行了系统梳理，阐释了福建现有传统匠师的活动分布、传统民居建筑大木作技艺以及传统民居的营建特色。阮章魁的《福州民居营建技术》详细介绍了福州民间建筑成因、类型、发展沿革、空间组合、建筑结构、构造特征、地理风俗、大木匠作与泥瓦石作技艺以及典型传统民间建筑等；姚洪峰从田野调查和史料分析入手，揭示了闽南民居营造技艺的产生和传播环境、历史沿革、匠师谱系，对闽南民居的空间布局、选址、营造过程、技艺特点及风俗禁忌等进行系统介绍，是福建地域传统民居营造技艺研究的重要成果之一。

本书按宏观的城市形成—中观的街区空间形态—微观的构成街区的民居平面类型的脉络，从大到小，逐渐推进。最后试图解决核心问题，系统地将闽东地区的传统民居平面及其大木构架剖面，通过定性和定量分析，对既有民居样本进行分类，分析不同类型的空间特征和分布特点，探讨平面以及大木构架做法的演变和发展路径。关于大木构架的讨论，本书聚焦于正厅，正厅是传统民居中等级最高、体量最大、结构最复杂、装饰最华丽的部分，是传统民居的核心空间。

各章节的概要如下：

第一章对本研究的背景知识进行了介绍。

第二章从海港城市组织构成的角度进行考察，首先分析宁德城市和福州城市的形成及其演变、形成过程中的历史街区的空间特性、传统民居的类型及其平面空间演变关系。

第三章对闽东地区传统民居的平面类型空间特征和演变扩张方式进行阐释。

第四章对传统民居剖面类型进行量化研究，虽然说是剖面，主要考察对象是正厅大木构架的类型和局部做法，厘清其平面特征及其正厅大木构架的类型，进而研究各类型的做法特点、分布和类型间的关联性及演变方式。空间方面，考察正厅和主厝的不同空间类型的特点和分布，以及空间类型与大木构架类型的相关性。

本书由于成书仓促，加之对内容进行重新梳理，不得不摈弃传统民居平面及其大木构架的尺度特征分析，不当之处有望方家不吝赐教。

第二章

闽东海港城市的历史
形成与空间结构

周王朝时期，福建称七闽之地，是闽越族人居住的地方。从已发现的昙石山遗址可以得知，闽越族人世代生活在江海之畔，积累了丰富的航海经验。春秋时期，江浙一带越人开始由海路入闽东地区，这是北方人沿海路首次入闽的航海活动。秦以后，北方移民入闽，选择翻越武夷山至闽江上游，再由闽江由西向东，由此开辟了闽江航运。汉代之后，由于军事、政治活动，至元代，开辟了多条闽东与南北近海的航线。

福州古港的形成可以追溯至西汉，但当时的主要功能是寄泊转运，并不具备真正贸易港的条件。与此同时，造船业随之兴起，福州成为重要的造船基地，直至唐宋时期，福州有面阔 1.2 丈（约 3.8 米）以上的海船 300 艘以上。同时为海商提供航海舶船的"番船主"，推动了海上交通、贸易的发展。因此，从唐代开始闽东地区对外交通和贸易迅速发展，通商地区也不断扩大。与当时朝鲜半岛的新罗、日本岛的肥前、东南亚的三佛齐以及古印度和阿拉伯地区的贸易交往最为发达，中外商贾云集，闽东成为闻名遐迩的商业都会。五代闽国时期，王审知积极发展对外贸易，开辟黄岐半岛的甘棠港为福州港的外埠。宋代，闽南的泉州港设置市舶司，福州虽然不是国家法定对外贸易口岸，无市舶司机构，但在宁德等地设立巡检司，促进海外交易。

闽东地区的海港，在海外贸易和航运贸易的推动下，由早期的军运型港口逐渐转变成为地方经济服务的区域型贸易港。本书所关注的海港城市，正是在此背景下发展起来的，纵观宁德和福州自然环境和地理区位，作为"抱湾型"的海港城市，宁德东与霞浦隔三都澳相望，决定了区域内城市聚落的外部空间形态分布，也决定了城市初期的选址位置，在城市形成和发展过程中起到重要作用。福州则与闽南泉州、漳州同属"内港型"海港城市，通过河流连接城市区域和海域。

第一节　宁德港的形成

宁德县，建置始于五代，至近代是福建北部海洋贸易体系中的商贸重镇。宁德古县城建于滨海之地，境内山海交融的城市格局、多元文化的地域特征，体现了福建多山近海的地形特点和福建沿海城市"以海为田"向海发展的文化特征，是闽东海洋城市的典型样本。作为城市历史空间形态的集中体现，古县城历史街区保留了明清时期内部街巷格局和城市历史风貌特色。中华人民共和国成立 70 多年来的快速城市发展，伴随着城市级别的跃升和新时期城市建筑的发展，古县城内传统城市肌理逐渐被破坏。关于宁德地区的空间研究大多聚焦于山区传统聚落空间特征方面，暂未发现宁德地区城市空间形态相关研究。在此背景下，研究宁德古县城历史街区空间形态，有助于挖掘闽东海洋城市的历史空间形态特征，并为后续宁德历史街区保护与发展提供参考。宁德县地处山海交汇之地，因其便利的交通与邻近省城的区位，自古商贸活动往来频繁，交易货品繁杂、名目众多。其中盐、茶和渔业是宁德商贸活动主要货品。盐是历代王朝财政的主要收入之一，宁德县建置因盐而起，商贸活动亦与盐息息相关。曲折漫长的海岸线和数量众多的岛屿是私盐制造的天然庇护所。因盐业留下许多与盐相关的地名，如城内碧山路附近的"盐仓弄"以及城外的"盐仓村""盐仓坪村""贩髓头村"等。

此外，福建省作为产茶大省，宁德属于闽北茶区的核心产茶区。历史上宁德茶叶商贸活动兴盛，清末至民国时期，已知宁德县内分布的茶行共有 100 余家，其中较大的城关（一都）有 10 家，城内其他乡镇也多有分布，主要分布于霍童溪流域的八都、九都、霍童、赤溪以及西北山区的石后、洋中、虎贝等乡镇。1895 年，《马关条约》签订之后，清政府宣布宁德三都澳对外开放，并于当年 5 月 8 日在此设立闽海关，三都澳成为在广州、上海、汉口三个口岸外的又一茶叶海运港口（图 2-1）。此后三都岛上设立了多个主要以茶叶交易为主的外国商贸公司。自明清时期以来，地处宁德地形第一级区的西部山区以茶叶为主的物资商品下至位于第三级区的县城及附近地区，以盐为主的物资商品又大量输入第二级区、第一级区为主的山地，三者的贸易经由宁德境内的"茶盐古道"完成。光绪二十三年（1897 年），三都澳正式作为对外通商口岸开放，宁德境内商贸发展程度达封建时期的顶峰，承担了大量商品与物资的交换职能，该时期宁德成为闽东商贸重镇。

图 2-1　三都闽海关时期建筑（福海关旧址）　资料来源：作者自摄

第二节　宁德城市形成史

一、宁德城市史

　　宁德县，即今宁德市蕉城区，是闽东北经济、文化、政治中心。历史上宁德为闽东北地区明清至民国时期的商贸重镇，建置始于五代后唐长兴年间（933 年），兴于明清，距今已有 1000 多年，境内的三都澳在孙中山的《建国方略》中被誉为世界最深的不冻良港。自五代时期置县起，因宁德三面环山、一面环海和山多田少的自然地貌，以及商贸繁荣、宗族强盛和信仰多元的地域文化，塑造了独特的沿海城市个性，构成了福建海洋城市的典型印象。因此，研究宁德古县城的空间形态特征，是认知和研究福建海洋城市发展历程和城市空间形态特征的典型样本。

　　宁德市位于福建省东北沿海地区，与中国台湾地区隔东海相望，西与南平市、南与福州市相邻，北达浙江省。明清时期宁德属福宁府管辖，以清代乾隆四年（1739年）以后的行政区划来看，福宁府下辖福鼎、福安、霞浦、寿宁、宁德（今蕉城区）五县。宁德作为行政名称自1999年设置地级宁德市起已扩大范围，其指代范围实际为传统地理意义上的闽东北区域，即明清时期福宁府再加上旧属福州府的古田、屏南二县。为保持与史料中历史地名的一致，同时为避免歧义，下面所提宁德市为现在宁德地级市范围，宁德、宁德县均表示旧宁德县范围。

　　宁德古县城城建历史起于五代后唐长兴年间（933年），千年的发展使城市整体格局发生数次改变，现状古县城是明清时期修筑的砖城遗址，历史城市肌理保存较为良好，延续了明清时期的城市内部格局。

二、宁德城市形态特征

　　宁德古县城形成期为933年至1912年，历经一千余年，由于明正德（1506—1521年）以前的城市空间记录不详，因此对于古县城形成期的宏观空间形态特征分析以明正德至清末时期为主。为进一步分析古县城空间的形成与演变情况，通过历史地图转译法，以现代—民国—清乾隆—明正德的顺序，依倒推次序筛查、核验历史信息的空间，转译绘制明正德时期以及清乾隆时期城市空间结构分布（图2-2、图2-3）。

　　从图示分布来看，明宁德古县城形成期空间结构呈现为椭圆形城廓环绕护城河，内部县衙居中，主要道路连通城门与县衙的宏观形态特征。清宁德古县城形成期整体城墙轮廓特征呈不规则椭圆形，城门数量均为五处，且位置保持一致。明清两代的主要差异在于城外护城河流向形态、城内公共建筑坐向、主要道路线形调整。南门内鹏程溪位置由城内迁至城外，鹏程溪上的鹏程桥也因此消失。城内公共建筑以各类官员办公的衙署建筑及文庙、城隍庙等建筑为主，其中以县衙为主的办公建筑大致布置于城内几何中心位置偏西，明正德时期建筑多为南北向，明嘉靖重建后多为东西向。城内主要道路的形制特征在明嘉靖重建之后发生重大改变，从直线路网转变为曲线路网模式。其中中街、北街位置发生较大变更，道路线形改变；

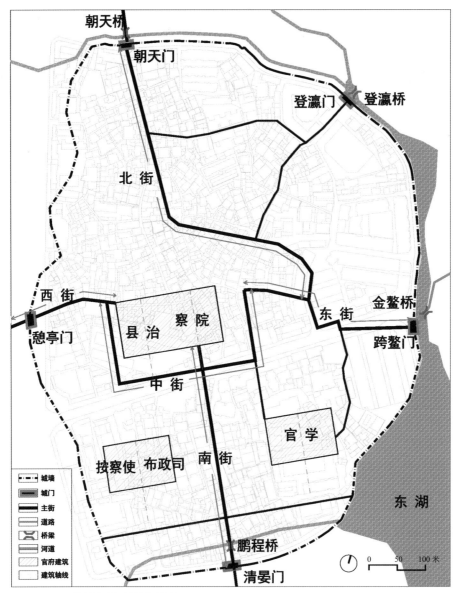

图 2-2　明正德城市空间结构复原图

资料来源：作者通过历史地图转译法推测绘制，参考《明嘉靖宁德县志》《清乾隆宁德县志》《宁德交通志》

西街、南街、东街整体位置与前朝相近，道路线形未变。

　　清末，宁德古县城的整体城市形态已发展至鼎盛期，城内古代城市的机构设施丰富且发达，城内外道路通达，功能区域划分已趋于稳定，城市基本廓形已成型，呈现着"五门五街三座桥"的宏观特征形态。

　　民国初期宁德古县城仍保留着中国传统城市以墙御城的外部形态，但在民国二十八年（1939 年）秋，在拆除城墙之后，原城墙内的道路与城外

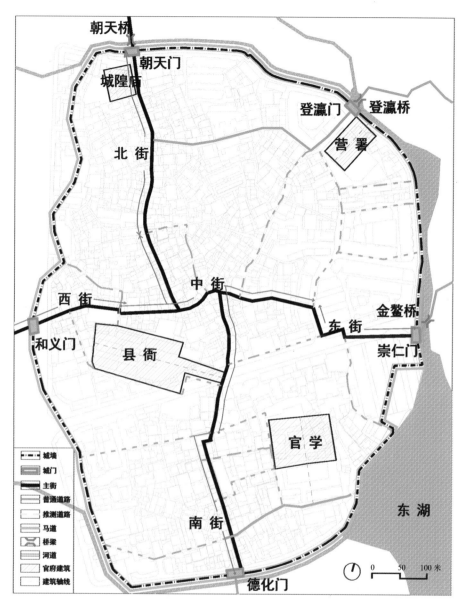

图2-3　清乾隆城市空间结构复原图

资料来源：作者通过历史地图转译法推测绘制，参考《明嘉靖宁德县志》《清乾隆宁德县志》《宁德交通志》

的马道合并，形成了今环城路和蕉城北路的雏形（图2-4）。在城墙拆除之后，城内道路系统延续了明重建之后的东西南北中五条主要道路的形制，街巷宽度仅4～6米，以弯曲的石铺小径为主。小东门护城河路仅能通行人力车和马车，路面凹凸不平。古县城内东侧道路进一步向东门外延伸，加速了与城东区域的空间融合，东门外北碧山街、福山街商铺日益繁荣，成为城市商业中心地带。这时期城外的主要街巷为东门商业区的金鳌桥、盐仓前、

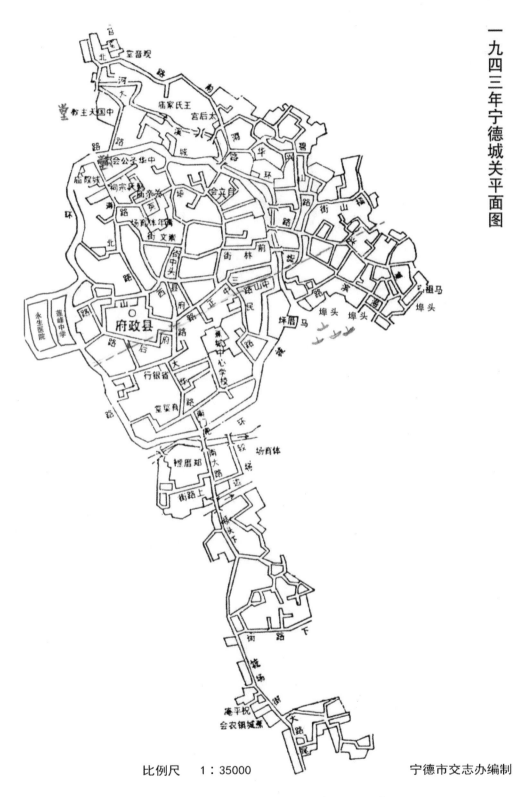

一九四三年宁德城关平面图

比例尺　　1：35000

宁德市交志办编制

图 2-4　民国三十二年（1943 年）宁德县城交通图　　资料来源：《宁德交通志》

下土主宫前、下尾街、江家巷、海关前、河下街、船头街、水湟头、碧山街、溪头坑、马厝坪等街巷。这一时期城内整体仍维持中国传统城市风貌。

三、宁德城市演变特点

结合明正德时期、清乾隆时期、民国时期、现代时期的宁德古县城宏观空间发展历程，标注各个时期主要道路、城内公共建筑、城市节点空间、外部自然环境等城市空间结构特征，如图 2-5、表 2-1 所示。

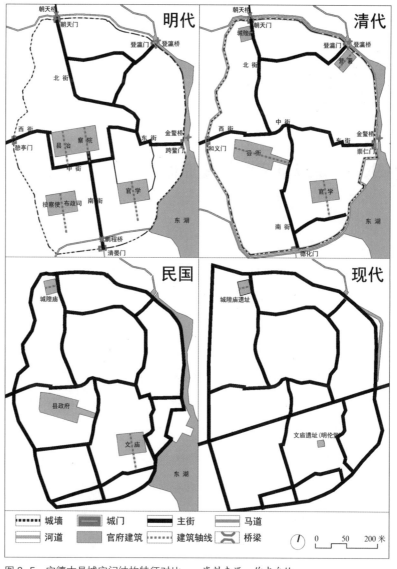

图 2-5　宁德古县城空间结构特征对比　　资料来源：作者自绘

表 2-1　宁德古县城各时期宏观特征汇总

时期	朝代	城墙材质	城墙长度	城廓形态	道路特征	公共建筑分布	护城河分布	城门吊桥数量
形成期	五代后唐	夯土	未知	未知	未知	未知	未知	未知
	两宋期间	木栅	未知	未知	未知	未知	未知	未知
	明正德时期	砖	630丈3尺（约1991.73米）	椭圆	五路通门及县衙	集中于城南呈"品"字排列	东、东北、北	3
	清乾隆时期	石	592丈（约1971.36米）	椭圆	五路通门及县衙	县衙居中其余分散	东、东北、北、南	4
变革期	民国时期	—	—	椭圆	多路连通外环路	县政府居中其余分散	东、东北	2
扩张期	现代	—	—	椭圆	南北相异结构	部分保留	东、东北	2

四、宁德城市空间演变原因

（一）自然因素

自然条件很大程度上决定了宁德总体城市空间形态的发展与演进。中国传统城市古城选址时常遵循"背山面水"原则，在古代，山作为天然屏障是扼守城池险要的关口，同时又能抵御自然灾害。面水意味着区域土地肥沃、适合农耕发展，以便引水形成护城河作为城壕保障城池边界的安全。随着城市规模的扩张，在原有城址上向自然条件易于发展的区域扩散。但从福建多山的地貌来看，自然条件所给予的平原盆地很难满足城市规模发展的需求，往往需要填海造地，此时自然条件成为限制城市扩张的因素。

宁德古县城城建初始，白鹤洋因其自然条件的优越取代陈塘洋成为宁德县治所在地。在后续城市形态演变过程中，明清时期，宁德向外发展，在东南滨海、西北倚山的城郊自然条件下，宁德古城整体形态主要向东、向北发展。而在由自然障碍阻隔的南、西两侧，城市难以扩张，空间以乡村聚落的形式细碎分布。同样，明清时期宁德的护城河走向为北向东、南向东的流向，城西借高地之势做天然屏障，故未设护城河。

（二）政治军事因素

　　除了自然条件之外，政治军事因素也对宁德城市总体形态的影响较大。无论现代或古代，城市受行政等级影响较大，行政等级显著地制约和影响着城市的规模、古代城门的数量和城市的结构尺度等城市整体形态特征。一方面，城市的行政级别决定了城区规模的大小，另一方面城区规模的大小也代表了对未来城区人口容量的预想。明清时期福建各府、县级城市平均周长分别为 1929.8 丈（6175.4 米）、858.6 丈（2747.6 米），宁德古县城城市规模与福建县级城市平均周长相符合。纵观宁德城市建制历史，每次城市总体形态规模的巨大改变都与行政等级的变化相关。此外，宁德城内公署建筑与祭祀建筑的空间分布特征也说明了掌权者依据传统城市礼序观念进行城市空间的布局，公署布置的数量也与其城市级别相当。从宁德古县城建筑类型布局来看，整体符合古代中国城市的空间布局模式，即核心地带或南面区域为公署建筑或文庙等建筑，城北为城隍庙、武庙、营署等建筑，民间信仰建筑位于城外。

　　除了常规影响外，历朝历代的执政者出于维护自身统治的目的以及从保障自身和民众权益的角度，会颁布各式各样的政令来制约城市整体形态。在政令影响下，宁德在宋、明清、民国等多个时期进行外部城墙的功能改变和形态更迭，以及城内道路修建与改造。此外，宁德城市整体形态也深受军事因素的影响，明清时期东南沿海的倭患让宁德执政者多次进行城池加固、材质更替、空间变更、重建新城等工程。

（三）经济因素

　　经济因素对宁德总体城市形态的影响更多集中于城市商贸空间的演进与分布上。宁德商贸主要为渔、茶、盐等货品的贸易往来，其中茶叶交易在三都设置海关之后达到巅峰。闽东北大部分茶叶商品在三都得以转运至世界各地，三都岛上外街有众多外国开设的贸易公司。而渔、盐产品主要还是集中在城关的东门兜和碧山路一带，因临近码头，使东门区域成为明清时期宁德五城门中以商贸为主的城市空间。民国时期拆除城墙之后，在经济因素驱动下，城市空间向东融合。

五、宁德城隍庙、鹏程历史街区的空间结构

（一）境的概念

"境"作为空间区划单位，在福建、台湾、广东、河北等区域广为分布，明清时期境是宁德古县城空间区划组织的基本单位，也是宁德古县城内民众信仰的基本地域单元，即以共同信仰聚集的有一定边界范围的居住社区空间。福建省的境在元代就有了，明清之后在东南区域广为分布。民国二十七年（1938 年），宁德实行联保制，城内设有四保：长璋保、鹏南保、崇文保、继光保，境作为区划单位的职能消失，但是其作为社区共同信仰活动中心的功能一直保留至今。宁德古县城今仍存留有明代宁德城内"五街十境"空间区划，每一境设有境庙，作为宁德民众的"信俗"活动中心。

"境"作为"乡—里—都—图"区划体系中的末端，是南宋起官方统计田地权属的一种简称，相较于都在籍贯、田地管理和地理区位等多方面的应用，"境"在宁德传统聚落社会更多体现在官方生产空间管理上，而非基层居民日常的生活空间。因此在宁德县明清时期户籍及区域管理的表达中，都往往与境连用，出现在书信、碑文及日常的"信俗"活动中。

宁德县区域内境的分布极为普遍，其空间范围在不同的聚落形态中有不同的表现形式。在城市、大的乡镇中，一境的范围一般包括若干条街巷或者街巷中的一部分，如据乾隆《福宁府志》卷八•宁德乡都所载："城中十境，金鳌境、鸾江境，俱在东门内；成德境、金仙境，俱在小东门内；鹏程境，在南门内；龙首境、鹤峰境，在城正中；福山境、凤池境，俱在西门内；朝天境，在北门内。城外三境，福山境，在东门外；麟祥境，在小东门外；登龙境，在南门外。"明清时期存在的境在古城内大部分得以保留。在乡村聚落中，一境的范围一般相当于一个自然村。如霍童镇四个姓氏聚落组成的万全、华阳、忠义、宏街四个境，洋中镇东山村的东山境，八都镇韩丹村的鳌峰境，金涵乡琼堂村的琼堂境等。

目前关于境的官方文字记载主要为名称和方位表述，尚无对于其空间的划分原则、边界确定方式的相关记录。此外，境作为非物质形态的空间要素，在物质空间中除了境庙和少部分境的境门之外，并无相关参照可以

确切作为空间标识以确定其边界。本节首先对境在概念层面的要素构成进行分析，再讨论境与传统民居的空间关系。

由于境域空间集物质与非物质于一体的二元复杂性，分析其物质空间分布时需先认知其形态存在的特点，结合各个时期宁德相关史料和实地调研情况来看，境在形态存在上主要有以下四点特征：

1. 变化性

历史上境作为宁德古县城内基层区划组织，城内境的数量与范围并非一成不变，各个时期城内境的分布略有不同。如明正德时期，"城中有五街：曰东街，有金鳌、福山、鸾江三境。曰南街，有鹏程境。曰中街，有成德、龙首二境。曰西街，有西山、鹤峰二境。曰北街，有凤池、朝天二境"。其次是清乾隆时期，"城中十境，金鳌境、鸾江境，俱在东门内；成德境、金仙境，俱在小东门内；鹏程境，在南门内；龙首境、鹤峰境，在城正中；福山境、凤池境，俱在西门内；朝天境，在北门内。城外三境，福山境，在东门外；麟祥境，在小东门外；登龙境，在南门外"。至民国时期，城内有八境，分别是东大街金鳌境、南门兜鹏程境、中南街鸾江境、街中头凤池境、大街龙首境、前林坪成德境、西门街西山境、北门外朝天境。目前城内有五境，分别为学前路鹏程境、八一五中路龙首上境、中南路鸾江境、西门路西山境、西北路朝天境。城外根据所属城门分布有南门外鹤城境、登龙境、龙门境、龙光境；东门外福山境、龙头境；北门外连城境；小东门外金仙境、东鹤境、麟祥境。

从境的历史演进来看，境的变化主要体现在位置变化和数量变化上。从明嘉靖时期的五街十境到清乾隆时期的五门十境，以及民国时期的城内八境和现代的城内八境，境的数量和位置分布都略有不同。

2. 空间性

境的物质空间构成要素包括境庙、境门、境内院落和游神路线，由四者共同构成的街巷空间是境域的空间表征（图2-6）。

从当地居民口中了解到，境作为信仰空间，其最初的边界划定与每个境节庆活动时游神范围相关，具体为境主神游神路线上两侧的建筑即属于该境。在境域空间构成中，境庙是固定的空间实体标志物，是境域的空间

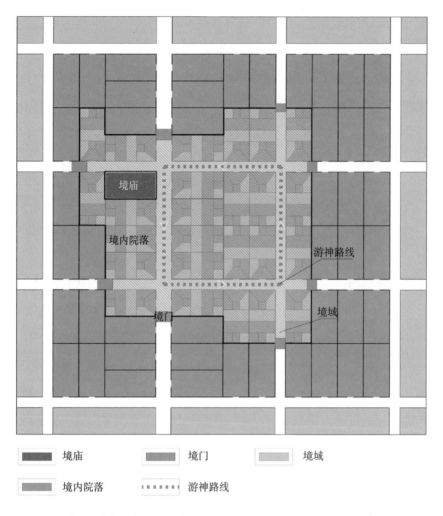

图 2-6　境域空间概念构成模型　　资料来源：作者自绘

核心；游神路线是常规固定的仪式范围 [1]，是境域的结构网络；境门是境域边界的空间实体标志物；境内院落是境域的空间填充单位。从现状境门的存留情况来看，城外大部分境设有多处境门，如鹤城境、龙门境、登龙境和龙头境等，而城内仅有龙首境存有一处临时搭建的境门（图 2-7）。

此外，从境的概念构成来看，境的形态分布与城内的街巷形态相关，建筑所在街巷决定了其境域空间上的归属。从明嘉靖时期城内的境的分布也可以佐证这一点，该时期境依附于城内五条主街存在，在空间上呈现为城—街—境三个层级的区划模式。

1　笔者调研发现，实际上每年节庆时各个境的游神路线并不完全固定，会根据该期间路线上居民到场数量和街巷通达情况进行微调，所以称其为常规固定。

图2-7 现状部分境门　　资料来源：作者自摄

3. 主观性

目前境作为非物质形态信仰空间，对于其存在与否的判定具有主观性。境的存在可以从空间表征、信仰表征两个方面来判定。境的空间表征是由境庙、境门等物质形态要素界定的，而境的信仰表征是一种抽象的存在，是每个境内居民对于境的信仰理解，或依附于物质空间的境庙存在，或不依附于物质空间而独立存在。笔者在调研过程中了解到，虽然一些境庙随着城市建设发展消失或搬离原址，但原有境内居民在信俗活动中仍认为属于原有境属，并将其作为自己在仪式活动中的社区组织与空间坐标。此时境的存在实际上不再依附境庙存在，而是依附于信众的信念而存在。所以就物质空间的分布而言，现状城内存留5处境域空间；就信仰表征的存留而言，城内存留8处境域空间，包括鹏程境、鸾江境、龙首境、福山境、朝天境、鹤峰境、成德境、金鳌境。

4. 人本性

境作为居民的信俗空间，受居民群体行为而产生形态变化。主要表现为同居民群体搬迁、分离或合并。例如受城市发展需求城内部分区域居民需要集体搬迁时，居民原址所在的境也会跟随一起搬离至新住址，原位于城东门外的金鳌境，由于八一五东路路面拓宽需求导致两侧建筑拆迁至今芦坪路重建社区，金鳌境也一并于芦坪路重建。又例如福山境在东湖路建成通车后境域和居民区被拆分为两侧，原境庙位于东湖路北侧，后续东湖南侧新建了福山境的分境福兴境，与居民群体行为有高度同步性。

（二）境的分布

结合上述境域的形态特点及实地调研中确认的境域边界、相关史料中境域分布信息，在前面所得的各时期城市空间平面图中进行倒推演绎，推测境域空间分布（图2-8）。

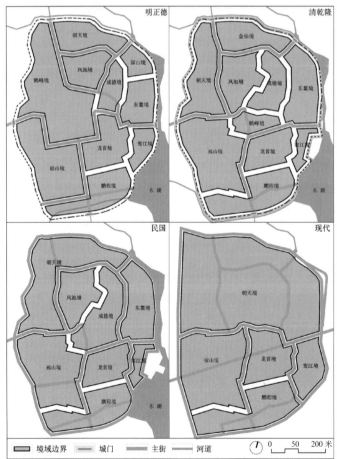

资料来源：作者自绘，参考《明嘉靖宁德县志》《清乾隆福宁府志》《宁德市志》（1995）、《宁德民国》《宁德一都》重新绘制

图2-8　各时期境域分布复原图

从各时期境域的分布来看,位于古县城南侧的福山境、鹏程境、龙首境、鸾江境以及北部的朝天境是长期存在的境域,并成为如今居民所固定形成的空间认知方位。其他各个境均在不同时期的历史进程中发生改变,笔者在实地调研中发现,即便如福山境等境域长期稳定存在的境,其境内的境庙位置也并非长期固定于某处,境庙建筑也并非长期存在。根据调研情况及文献记载整理如表2-2所示。

表2-2　境庙空间变化

区位	名称	20世纪90年代方位	20世纪90年代存在形式	演变情况	现状方位
城内	福山境	西山路南侧	民房	异地重建	西门路南侧
	鸾江境	环城路环城弄东南段北侧	社区农药仓库	恢复功能	环城路环城弄东南段北侧
	鹏程境	学前路西端	境庙	异地重建	学前路东端
	朝天境	北门外	境庙	异地重建	北门内西北路西侧
	龙首境	八一五中路南侧	旧蕉城税务所	异地重建	左厝里
城外	金鳌境	八一五东路南侧	无存	异地重建	芦坪路
	龙头境	福山路北侧	宁德市饲料厂	恢复功能	福山路

（三）传统民居院落形态

传统院落由传统建筑围合形成,是中国传统城市中的基本空间组织单元。西方城市形态类型学中将其定义为产权地块,并作为主要的研究对象,是理解建筑形态和城市总体形态的一个媒介。本章以微观空间尺度研究宁德古县城历史街区的传统院落、居住建筑等空间形态要素,从类型分析、尺度分析及构成分析等方面论述宁德古县城历史街区微观层面的形态特征,探讨院落、街廓和街巷所共同构成的空间形态结构特征。

产权地块是街廓的基本组成部分,其边界与入宅巷道的分隔、产权边界的划分相关。产权变化发生于每个时期,民国及以前的产权变化不易影响产权地块的传统院落形态,中华人民共和国成立后的产权变化则容易导致传统院落形态改变。由于现状城内产权权属复杂,在历史地籍图资料欠缺的情况下,难以确定其真实性边界,故本书聚焦于历史产权地块形态研究,即传统民居院落的形态研究。

传统院落边界由产权边界确定，城内历史产权边界于土地所有制改革后分解，根据人口数量与分配政策相应的土地房屋产权。原本城内单一产权的家族院落演化为产权分散的多户共居的大院，并且不同产权边界内的建筑因各自需求而再次产生变化，导致原有传统院落内部空间的一致性被破坏，院落边界在空间上趋向模糊。此外，现状城内传统院落之间排列紧密，新建和加建建筑穿插其中，对传统院落的历史信息收集造成了较大的困难（图2-9）。具体包括以下三种情况：

1. 房屋易主

传统院落现产权所有者并非原产权所有者，对于其所居住的传统院落的历史信息认知并不清晰。部分院落内居住者为租户，对于院落的历史信息认知更少。

2. 房屋闲置

传统院落产权所有者已不住原地，无法直接获取信息。

3. 产权合并

传统院落内产权与院落外产权合并，使得传统院落边界扩增于原有边

图2-9 城内建筑肌理（C-12、C-18街廓航拍直射图）　资料来源：作者自摄

界外部。虽然通过实地调研无法直接获取全部传统院落的边界范围，但通过对宁德古县城多次调研与形态的深入分析，根据已有调研成果和测绘图纸，大致总结出了一套判断传统院落边界的工作流程。主要包含 CAD 现状地图、居民访问、踏勘识别、航拍校对，从平面、立面及轴测三个维度认知院落空间，从而展开传统院落的边界识别与判定。其中 CAD 地图和航拍正射影像提供了平面维度的初步空间认知。宁德位于闽东地区，传统民居具有闽东民居纵向多进天井布局的平面特征，即三合院、四合院及两者纵深向拓展的多进三合院或多进四合院等形式。三合院和四合院平面格局为正厅与两厢房、正厅与门厅及两厢房的构成模式，在平面上易于辨别其组成特征，以此形成对在 CAD 地图基础上的院落边界初判（图 2-10）。

　　在院落边界初判基础上，通过二次及多次调研进行院落边界修正。主要目的是复核及修正初判形成的院落边界，以及对初判过程中边界难以确定的院落进行重点调研。二次现场调研主要包括，居民访问、踏勘识别、航拍斜射等工作内容。其中踏勘识别需在认知区域内建筑形态特征的基础上，借助航拍摄影、屋主访谈等方式确定其边界（表 2-3）。

图 2-10　传统院落边界初判（C-12、C-18 街廓）　　资料来源：作者自绘

表 2-3　踏勘识别方法

名称	原理	适用对象	图示
建筑立面判定	不同产权建筑立面装饰风格具有差异，受建筑建成年代、房屋主人装饰喜好差异等影响，传统院落边界两侧具有不同的立面风格	街巷格局清晰的相邻院落	
入宅巷道判定	传统院落具有独立出入口，传统院落以历史产权边界划分，需通过道路与外部环境联系	街巷格局模糊的相邻院落	
建筑轴线判定	宁德地区传统民居平面具有对称或主轴对称的关系，正厅建筑对于院落轴线有统领作用，厢房建筑与正厅建筑呈现垂直关系，多进合院间正厅轴线上的建筑保持平行关系	附属建筑紧密相邻的院落	
封火墙判定	封火墙一般设于院落之间，用于院落间防火，是闽东传统民居的一大特征，部分院落在主轴建筑与轴外附属建筑间也会设防火墙，但此类院落规模较大且数量较少	连续排列的院落	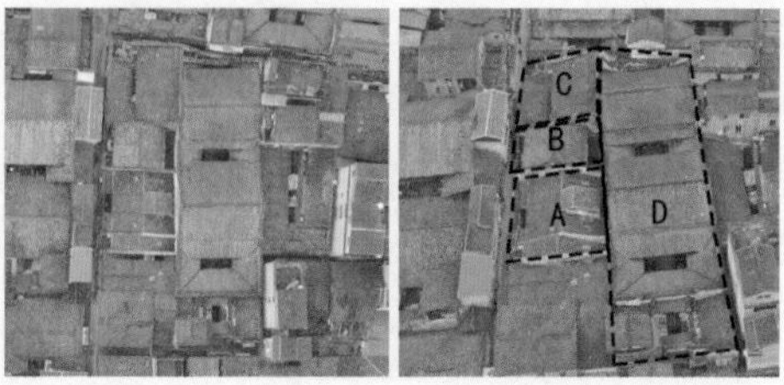

　　结合上述方法及实地调研中与居民的访谈、历史影像对比等方式综合确定城内传统院落边界，现状共有 237 处传统院落。根据其所在街廓进行编号，用"C"及"P"区分其所在街区，即以"街区—街廓—院落"表示具体院落的位置（图 2–11）。

　　□ 传统建筑院落边界

图 2–11　传统民居宅基地边界划定　　资料来源：作者自绘

六、传统民居基本特征

宁德地区传统民居属于福建省闽东民居的一部分，以砖木结构为主，建筑多为传统合院式，以厅堂为空间组织的核心，核心部分又以中轴对称展开整体布局。受自然环境所制，宁德地区传统民居宅基地尺寸和尺度较小，建筑通常需要向二层发展。城内传统民居院落空间由正房、厢房和门楼等部分组成，在院落上表现为三合院、四合院及其横向纵向拓展变体。院落内部建筑开间多以三开间、五开间为主，少数厢房为单开间，部分规模宏大的民居如蔡氏祖屋（C-07-12）达到七开间。由于宁德古县城街巷形态与传统院落划分的特殊性，宁德古县城传统民居在部分区域为适应道路，及受周边院落形态影响，平面上呈现出较为灵活的布局，院落主轴外的边路区域多为不规则、不对称空间。下面以城北城隍庙街区蔡氏家庙（C-19-01）和城南鹏程街区上薛宅（P-03-13）为例解读宁德古县城内传统民居平面特征。

蔡威故居

蔡威故居与家庙位于前林路北侧，始建于清朝年间，其间经历过多次修缮，现建筑样式保留为清代的风格。建筑坐西朝东，分为蔡氏故居与蔡氏家庙两部分，故居位于北侧，家庙位于南侧（图2-12）。总占地面积1566.3m^2。

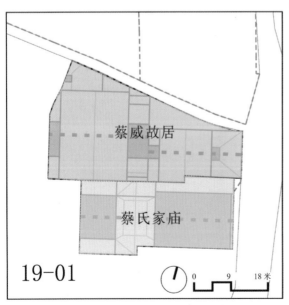

图2-12　蔡氏家庙总平面图　　资料来源：作者自摄

家庙部分原为三进，现仅存家庙大门、前后天井、仪门，以及前天井中的半圆形泮池与弧形拱桥（图2-13）。

蔡威故居由前后两院组成，其中前院为两进四合院，后院为两进三合院。故居部分整体为主轴对称的多进天井式布局，主轴上前院后院分别由前厢房、正厅、后厢房三个部分组成。前院正厅为一明两暗三开间，进深七柱；后院正厅为一明四暗五开间，进深七柱。前院后院建筑均采用穿斗式结构。正厅建筑作为院落布局的核心部分，历史上作为蔡氏家族宴会宾客、祭祀祖先及家族成员日常活动的主要空间，现在与家庙部分共同作为蔡威事迹展示的区域（图2-14）。此外，院落主轴北侧分布有横向拓展的边路区域，受道路形态影响，空间呈现三角形平面，设有侧天井和若干辅助用房及通向二层的交通设施。

除主体建筑外，整体平面布局呈现不规则的主轴对称形式（图2-15）

图2-13 蔡氏家庙泮池、拱桥　　资料来源：作者自摄

图2-14 蔡威故居后院正厅　　资料来源：作者自摄

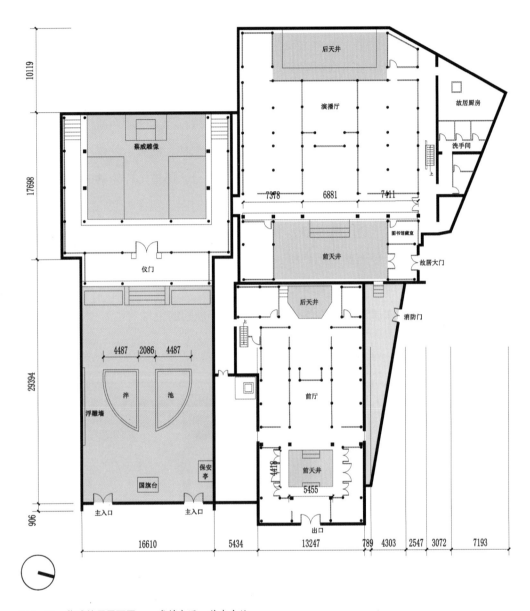

图 2-15 蔡威故居平面图　资料来源：作者自绘

薛家大院

　　薛家大院位于鹏程街区大华路，院内的建筑始建于明代，坐西北朝东南，整体为多进天井式布局。历史上薛家大院由四进院落组成，受产权分解影响，现状可以分为两部分。包括原有第一进院落组成的传统部分，以及原有第二进至第四进院落区域组成的非传统部分，现状分为多处产权用地，发生过重建及改建，总占地面积 972.44 平方米。

目前传统部分整体为砖木结构，主体建筑采用穿斗式，前廊带轩架。入口大门位于正立面南侧，第一进院落与入口大门之间设有一个回廊（图2-16）。第一进院落由前天井、前厅、后厅、后天井等组成，主要用于会客，接待与祭祀祖先（图2-17、图2-18）。

图2-16　薛家大宅第一进回廊
资料来源：作者自摄

历史上第二进第三进院落并非以厅来组织布局，而是以天井为核心。天井区域南北两侧各分布一列房屋。原第二进院落主要用作家族内成员的居住区域，分布若干卧室，院落中间设有过路亭，现已无存。现状第三进为厨房与膳厅等生活辅助用房区域，现已改建。第四进部分历史上为后庭院，整体空间布局更加自由，外墙顺应街道，而若干辅助用房紧贴外墙分布，作为当时薛氏族人生活游憩的主要区域，现已无存。

整体院落布局上呈现宁德地区典型主轴对称的不规则平面布局形式（图2-19）。

图2-17　薛家大宅第一进入口
资料来源：作者自摄

图2-18　薛家大宅第一进天井
资料来源：作者自摄

图 2-19　薛家大宅平面测绘还原（第一进测绘，后三进根据薛氏住户叙述还原推测）

资料来源：作者自绘

（一）传统民居分类

1.传统民居平面特征

1）一明两暗

一明两暗类型传统院落结构简单，即院落内由单一的三开间主体建筑及其附属建筑构成。现状城内共分布有 6 处，集中于城隍庙街区。平均进深尺寸 23.65 米，平均面宽尺寸 12.58 米。一明两暗院落形成的部分原因是原有三合院或四合院院落在城市建设过程中，受道路变迁影响部分厢房被拆除，如 P-12-05。

2）三合院

三合院类传统院落现状城内共分布有 28 处，是分布数量次多的类型之一，三合院平面布局由院落轴线上的正厅建筑及厢房建筑构成，由进深方向、面宽方向拓展形成多进三合院、带护厝三合院等类型。基本三合院类型平均进深为 13.62 米，平均面宽为 11.05 米。

3）四合院

基础四合院类型传统院落现状城内共分布有 28 处，是分布数量次多的类型之一，在城内均有分布。四合院在三合院的基础上入口处增加门厅建筑，也存在进深方向、面宽方向拓展的衍生类型。基础四合院类型平均进深为 18.02 米，平均面宽为 11.51 米。

4）三合院或四合院横向拓展类型

三合院及四合院横向拓展类型传统院落现状城内共分布有 19 处，主要集中分布于城隍庙街区。该类型在原有基本类型的基础上横向拓展院落空间，增加附属建筑或侧天井。该类型平均进深为 15.85 米，平均面宽为 14.27 米。

5）三合院或四合院纵向拓展类型

三合院及四合院横向拓展类型传统院落现状城内共分布有 82 处，在城内均有分布。该类型在原有基本类型的基础上纵向拓展院落空间，增加主体建筑及天井。该类型平均进深尺寸为 21.66 米，平均面宽尺寸为 14.22 米。此外，该类型平均面宽尺寸也随着进数增加而逐步扩大，如一进基本类型（三合院、四合院）平均面宽尺寸为 11.05 米、二进拓展类型平均面宽尺寸为 12.13 米、三进拓展类型平均面宽尺寸为 15.33 米、四进拓展类型平均面宽尺寸为 15.42 米。

6）三合院或四合院横向纵向拓展类型

三合院及四合院横向纵向拓展类型传统院落现状城内共分布有 37 处，主要分布于城隍庙街区，少量分布于鹏程街区。该类型在原有基本类型的基础上横向纵向拓展院落空间，增加轴线上的主体建筑及轴线外侧的附属建筑。该类型主要为两进基本类型带护厝，共有 28 处；少部分为三进基本类型带护厝，共有 9 处，此部分拓展类型多为原城内豪族蔡氏、林氏、黄氏、薛氏、郑氏等的产权院落，其中蔡氏、林氏、郑氏大型院落在鹏程街区和城隍庙街区均有分布，黄氏、薛氏院落主要分布在鹏程街区。该类型平均进深尺寸为 27.44 米，平均面宽尺寸为 21.32 米。

7）柴栏厝（柴板厝）

柴栏厝传统院落现状城内仅分布 5 处，主要分布于城隍庙街区。该类型合院式传统院落面宽较窄，为单开间，主要向宅基地进深方向拓展。主要通过一条走廊依序连通门厅、天井、正厅、厅后房、小天井、大房等房间。该类型平均进深尺寸为 24.21 米，平均面宽尺寸为 4.91 米。

8）公建

现状城内公共建筑类的传统院落包括多建筑组合式大型公建以及单体建筑的小型公建，主要为各类境庙、教堂等建筑，共 14 处。其中大型公建平均进深尺寸为 27.90 米，平均面宽尺寸为 20.48 米；小型公建平均进深为 7.85 米，平均面宽尺寸为 10.10 米。

2. 传统民居大木结构特征

1）穿斗式

穿斗式是宁德古县城民居中最多采用的一种大木构架，在两进四合院的平民居所和多进带横向拓展的豪族大宅中均可见到。宁德穿斗式大木构架整体与福州地区形制相近，以蔡威故居后院正厅剖面结构为例，正厅部分进深尺度多为通常的五柱进深或七柱进深，除正厅中央的穿斗结构之外，整体穿斗大木结构体系还包含檐下的挑檐插拱结构、前廊的卷棚轩结构、凸形或一字形厅屏[1]结构及后厅的二层楼板等结构（图 2-20）。

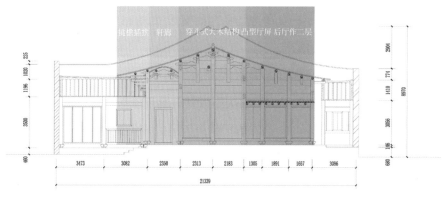

图 2-20 蔡威故居后院正厅剖面结构　　资料来源：作者自绘

---

1 厅屏是分隔正厅前后空间的构件，由屏柱、屏门和左右小门组成，在闽东地区也称为太师壁。

轩是穿斗式结构中前廊空间上的卷棚状结构，宁德地区民居前廊部分的轩形状多为半弧形、弓箭形等，一方面为了体现主家的财富与审美追求（有的民居会在轩上雕刻许多精美的雕花，题材以草本植物为主），另一方面轩可以起到一定的保温隔热的作用，使屋内保持舒适的居住环境（图 2-21）。

2）插梁式

除基础穿斗式做法外，在旧时城内一些豪族大宅中存在以穿斗式为基础进行的减柱做法，称为插梁式。以城内位于鹏程街区中南路的绣花楼（P-09-08）为例，于明万历年间（1573—1620 年）初建，院落面积 1332m²，坐南向北。绣花楼结构为楼阁式硬山顶，面宽七间，进深四间。厅的部分为了获取更大更开阔的空间，采用了插梁式做法。插梁式在闽东地区木构架建筑中等级较高，且木材用料较少，受力结构类似北方民居中常见的抬梁式。插梁式受力特征为一根横梁搭在两根受力的木柱上，撑起屋顶与檩条的质量，在梁上再支起童柱，层层向上，中柱不落地，使厅的空间更加完整（图 2-22）。

图 2-21　穿斗式结构前廊卷棚轩（1.蔡氏家庙；2.蔡氏祖屋 3.薛家大院）　　　资料来源：作者自摄

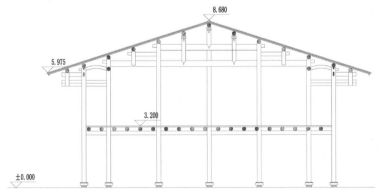

图 2-22　绣花楼正厅结构（左：测绘图、右：实景）　　　资料来源：作者自绘自摄

3. 传统民居的维护特征

宁德城内传统合院式民居建筑的围护结构特征包括屋顶特征、墙体特征以及外墙面的门头特征。

1) 屋顶特征

宁德地区传统民居屋面既体现了闽东传统民居中厢房及门厅建筑的融合式屋面特征，又有独具宁德地域特色的正厅建筑的双层屋面特征。此外，城内传统民居间的封火墙形式特点也体现了闽东民居的封火墙特征。

(1)"融合式"屋顶

宁德城内厢房及门厅建筑之间的连接多为融合搭接，门厅和厢房所组成连续屋顶仅与正厅主厝建筑有上下空间关系（图2-23）。

(2) 双层屋面

宁德古县城的屋顶多为硬山屋顶。在部分大宅主厝中会存在双层坡屋顶的使用，是宁德地区广泛存在的屋面形态特征。从功能实用角度来看，双层屋顶形成的夹层，类似于一个隔温层，起到保温隔热的作用，使得室内冬暖夏凉，居住环境舒适。另一方面，双层屋顶形成的隔层空间不大，

图2-23　厢房门厅建筑融合式屋顶（1.郑祖堂宅; 2.C-08-04院落、3.C-17-01院落、4.C-11-02院落）　资料来源：作者自摄

但是可以作为储藏空间使用（图2-24）。

2）墙体特征

宁德传统民居建筑墙面材质主要包括青砖、条石和夯土材料。青砖墙是宁德古县城围护结构中外墙普遍采用的材料，部分建筑外墙在青砖基础上抹白灰。在条石基础上夯土，砌筑砖墙主要包括眠空斗墙和无眠空斗墙两种形式。空斗墙砌筑采用宁德地区常见的牡蛎壳灰勾缝，勾缝完成后灰缝应饱满。

封火墙是闽东地区传统民居山墙面形态特征，高于建筑山墙的墙垣，通常用于民居聚落建筑中的防火。封火墙在中国传统民居中常见，各个地区由于形状各异，有类似于马鞍形状的，有类似于马头形状的等，所以又称为马鞍墙、马头墙等。

宁德城内封火墙形制多是马鞍墙，与福州地区趋同。多数鞍部形状呈"风"字形，风的两个尖角比较尖锐，弧度较为平缓。部分宗祠与民居的尖角更为突出，远高于其他部位，形状像一对猫耳。还有部分鞍部形成三段或五段弧度，形状像水波。宁德地区民居建筑封火墙一般两侧对称，形制朴素，在翘角的墙面仅用灰塑包边，未有福州地区在翘角处所作的彩绘、书画等装饰。

图2-24 正厅建筑双层屋顶（1.大华弄上蔡宅；2.西门路蔡氏祖屋；3.C-15-04院落；4.C-14-05院落） 资料来源：作者自摄

3）门头特征

门头也叫院门，是连接传统院落与街巷空间的构件，也象征着财富与地位。宁德古县城的门厅根据位置可以划分为三类：一是位于建筑中轴线上，大门直通厅堂或设有屏门。二是设立在院落轴线一侧，入口大门不正对厅堂，在避免了建筑内部隐私曝光的同时，还能阻止外面的邪气入内。例如薛家大宅（上薛家）中轴线正对道路，如在中轴线开设门厅会与下薛家宅基地冲突，因此就将门厅设立在建筑中轴线的南侧，进入门厅后为一个天井回廊带单侧厢房，右转再入中轴线。三是将入口设立在山墙面的厢房位置，这种情况大多是受到道路与宅基地限制，将入口设立在山墙面是为了更加方便平时生活（图2-25）。

在构造做法上，入口的门头多单独伸出雨披檐并用三出跳丁头拱挑檐，院墙上开条石门框，上下左右共四块扁长条石撑起方形门框，设两扇板门。门头上装饰较为朴实，多在拱上雕有些许装饰，部分门头带有精美雕刻的雀替（图2-26）。

（二）传统民居的类型化

结合前面所述现状传统院落范围，对其分类整理，根据现状建筑功能、围合建筑数量和天井数量，将现状传统院落分为16种传统院落类型[1,2]（图2-27）。

图2-25 院落入口门头（左：P-03-05院落 中：大华路林氏民居 右：上薛家）
资料来源：作者自摄

---

1 福建传统民居中，正厅和厢房一侧或两侧分布的建筑称为护厝，也叫横屋，主要用作杂物、工具的储存或客舍等辅助用房。宁德现状城内传统院落中厢房及正厅外侧的边路空间多由护厝和侧天井组成。
2 柴栏厝，也叫竹筒屋、手巾寮，即单开间民居向纵向延伸呈带状式的建筑形式。

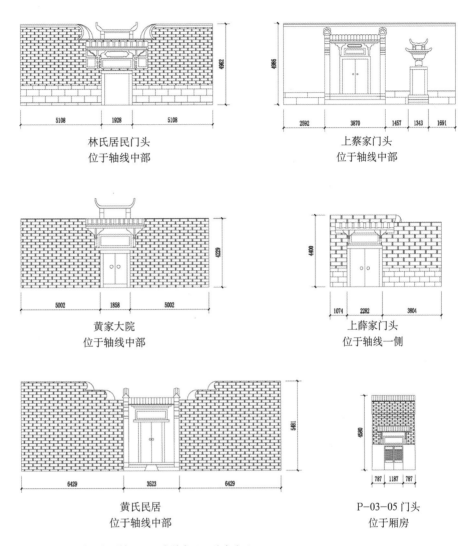

林氏居民门头
位于轴线中部

上蔡家门头
位于轴线中部

黄家大院
位于轴线中部

上薛家门头
位于轴线一侧

黄氏民居
位于轴线中部

P-03-05 门头
位于厢房

图 2-26　典型门头测绘图　　资料来源：作者自绘

　　为进一步探求传统院落的尺度特征，结合现状院落分类，对现状传统院落进行量化分析，主要包括面积、面宽、进深等尺度关系。其中以传统院落中正厅轴线为院落轴线，定义与院落轴线方向垂直的院落边界长度为传统院落面宽，与院落轴线方向平行的长度为传统院落进深。整理统计、标注各类型传统院落空间分布情况，量化分析各传统类型传统院尺寸数据（图 2-28）。

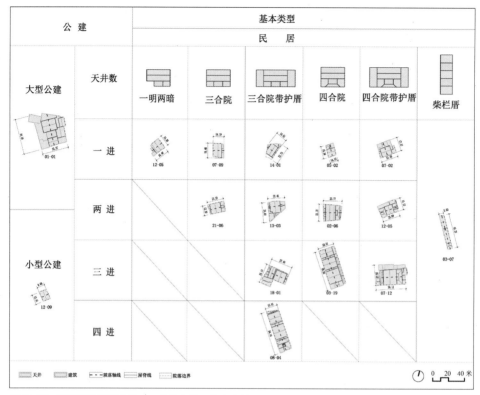

图 2-27 现状传统院落分类 　　资料来源：作者自绘

（三）传统民居的分布

从现状院落类型尺度关系来看，整体院落呈现以下两点特征：

（1）南北街区传统院落平均尺寸相近。

调查结果反映出宁德古县城内传统院落的平均尺寸较为一致。虽然城内南北街区内各自出现了横向拓展和纵向拓展的大型传统院落，但因其数量分布较少，对整体平均尺寸影响甚微。城隍庙和鹏程街区内平均尺寸相差甚微，证明城内大部分传统院落建设时城内街巷体系仍保存完整，并未形成现今的南北分区的街巷体系，故整体尺寸上趋于一致，未受南北街区道路形态差异的影响。全城传统院落平均面宽为 13.92 米，平均进深为 22.11 米。

（2）两进四合院为传统院落的特征类型。

调查结果发现，两进四合院是城内传统院落特征类型。在传统院落总数分布上，宁德古县城内分布数量最多的是两进四合院，分布数量为 58 处，占总数的 24.47%，在该类型平均尺寸分布上，南北街区略有差异，鹏程街区平均进深、面宽分别为 25.78 米、13.97 米，城隍庙街区平均进深、面宽

图 2-28　现状传统院落类型分布　　资料来源：作者自绘

分别为 22.96 米、12.95 米。与全城传统院落平均尺寸相比，平均数值相近，
可以说明两进四合院是现状城内城市肌理的基本单元，也是宁德城内传统
院落的特征类型。此外，样本分布数量次多的是三合院和四合院类型，占
总数的 11.81%。其中四合院类型在尺寸分布上南北街区差异很小，其平均
进深分别在 22 ~ 26 米、11 ~ 12 米之间；三合院类型鹏程街区平均进深、
面宽分别为 16.02 米、13.22 米，城隍庙街区为 13.71 米、10.27 米。

　　从现状院落类型空间分布来看，整体呈现以下三点特征：

（1）传统院落整体以南北分界的沿街分布。

城内传统院落的空间分布呈现以八一五中路分界的南北分片分布，其中南片集中分布于鹏程街区中大华路两侧，北片区集中分布于城隍庙街区中历史街巷两侧，传统院落紧密依附于历史街巷分布。此外，同中观层面的街廓形态一致，城内传统院落集中分布于古县城内部街廓，外部街廓多为新建公共建筑。

（2）横向拓展类型南北街区分布相异。

三合院和四合院的横向拓展类型大多分布于城隍庙街区，其形成与城隍庙街区内的曲线街巷形态有关，其余类型呈现南北均匀分布的分布特征。

（3）传统院落坐向南北街区分布相异。

从城内传统院落朝向分布来看，城隍庙街区内传统院落朝向多为东西向，传统院落轴线多以垂直于街区主路分布；鹏程街区内传统院落朝向多为南北向，传统院落轴线多以平行于街区主路分布。该特征可能与历史上城内主要官府建筑的朝向分布有关，从前面叙述可知，城隍庙街区内分布有县衙（今蕉城区政府），县衙在明嘉靖时期重建后由南北坐向改为东西坐向，鹏程街区内分布有庙学（今蕉城区第一中心小学内），在重建前后均保持南北朝向。

（四）传统民居的平面演变

从现状院落类型空间布局来看，城内传统院落具有典型闽东传统民居特征。城内传统院落基本布局采用合院形式，既体现了福州民居中"多进天井式"布局特征，如城内分布的三进、四进传统院落，又与福安民居中"一明两暗"三开间带前后天井的形式相吻合。为进一步提炼出现状城内传统院落尺度特点，将现状类型中相似类型整合归纳为以下 8 种传统院落尺度类型（图 2-29）。宁德古县城传统院落在产权分化的背景下，日益增长的居住空间需求与破败拥挤的传统院落空间形成矛盾，为了改善居住环境，居民开始自发地进行传统院落空间改造。基于前面判定的 237 处传统院落，根据其保存现状可以分为无改造、存在改建、

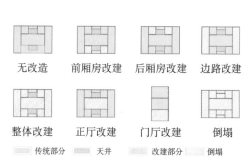

图 2-29　传统院落演变类型　　资料来源：作者自绘

倒塌等三类情况，其中存在改建包含前厢房改建、后厢房改建、边路改建、整体改建、正厅改建、门厅改建6种情况。

1.演变历史进程

城内居住建筑形态历经传统合院中双坡屋顶建筑、民国时期四坡屋顶建筑、中华人民共和国成立后的独栋民房建筑和新世纪以来的中高层住宅建筑等多个阶段。通过实地调研，整理其类型分布如图2-30、表2-4所示。

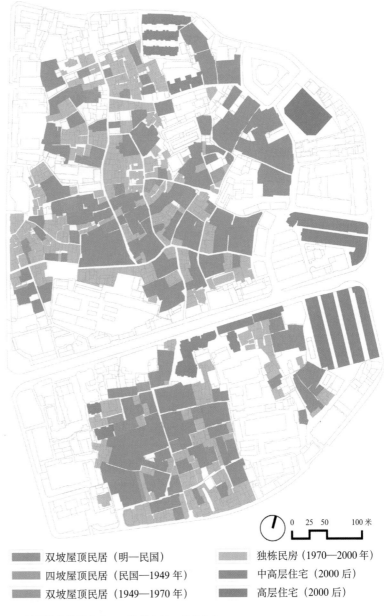

███ 双坡屋顶民居（明—民国）	███ 独栋民房（1970—2000年）
███ 四坡屋顶民居（民国—1949年）	███ 中高层住宅（2000后）
███ 双坡屋顶民居（1949—1970年）	███ 高层住宅（2000后）

图2-30 居住建筑类型分布 资料来源：作者自绘

表 2-4 居住建筑类型汇总

时期	类型	实例	特征	立面	屋顶平面
明—民国时期	双坡屋顶民居	黄家大院	石材墙基，墙身青砖空斗砌筑，穿斗式结构，青瓦硬山顶带封火墙		
民国—1949年	四坡屋顶民居	西山路42号	石材墙基，墙身青砖空斗砌筑或夯土，砖石结构，青瓦四坡顶		
1949—1970年	双坡单屋民居	学前路26号	夯土或水泥墙面，砖石结构，青瓦双坡屋顶		
1970—2000年	独栋民房	大华路华边弄18号	砖石墙面，砖石结构，水泥砂浆屋面，部分增盖坡屋顶		
2000年后	中高层住宅	瑞丰商城	瓷砖墙面，钢筋混凝土结构，混凝土造型屋顶		
2000年后	高层住宅	汇盛商贸小区	瓷砖墙面，钢筋混凝土结构，混凝土造型屋顶		

资料来源：作者自绘自摄

明清时期传统合院式民居以双坡屋顶居住建筑为主，民国时期城内居住建筑以四坡屋顶建筑为主。该时期建筑大部分有传统民居的合院式特征，但在建筑结构、屋顶类型上与明清时期传统院落差异较大，多采用四坡形式，结构采用砖石砌筑、墙面抹灰、门窗等细部构件上多采用玻璃木框，无榫卯结构，也较传统样式差异较大。

中华人民共和国成立后，宁德古县城内人口迅速增加，至 1990 年第四次人口普查后全县人口已达 36.42 万人，相较于 1941 年民国时期的 20.98 万人已增长 74%，县城内更是大量涌入外来人口，这一时期宁德古县城内也产生了许多新建的民居建筑。

在中华人民共和国成立初期，新建建筑仍以双坡屋顶建筑为主，由于产权划分模式限制，此类建筑向垂直空间发展，多为 2 ~ 3 层的独栋建筑。在建筑内部的结构上，多采用砖石砌筑，墙面多采用水泥抹灰，部分在后续建设的建筑多改用瓷砖贴面，明清时期传统民居的穿斗式木结构已很少在该时期建筑中出现。此外，在空间布局上，该时期建筑延续了明清合院式建筑的合院式特征，主要表现在空间划分上仍保留有天井区域采光，内部房间分布也与三合院布局相似，但整体建筑占地面积远不如合院式建筑的大。

至 20 世纪 70 年代后，城内新建建筑已与传统民居建筑形式相差甚远，除了延续中华人民共和国成立初期由独栋用地形式之外，建筑层数多为 3 ~ 4 层，内部也无天井采光，该类型民居一直延续至今，是今古县城区域内除了传统院落外最多的居住建筑类型。

2000 年后，商品房开始在城内出现，该时期出现两类居住建筑，包括高层的商住建筑和中高层形式的小区单元楼建筑。

2. 演变特点

前厢房改建：正厅前厢房区域进行了建筑结构形式、建筑屋顶形式、建筑立面材料等变更，包括前天井位置的房屋增建等。

后厢房改建：正厅后厢房区域进行了建筑结构形式、建筑屋顶形式、建筑立面材料等变更，包括后天井位置的房屋增建等。

边路改建：正厅及厢房外侧区域进行了建筑结构形式、建筑屋顶形式、建筑立面材料等变更，包括侧天井位置的房屋增建等。

除了合院式传统院落外，现状城内还分布无厢房布局的传统建筑，包括独栋式传统商铺及窄开间长进深的柴栏厝、民国时期民居建筑、宗祠等。因此，为区分其与合院式院落的差异，定义此类无厢房布局的传统院落入口区域的改建为门厅改建类型。

现存传统院落大部分都进行了加建改造，共计 129 处院落，占传统院落总数的 54.43%；保存完好无改造的传统院落数量其次，共计 94 处院落，占传统院落总数的 39.66%，部分仅倒塌且未被重建的院落共计 14 处，占传统院落总数的 5.91%。其中，前厢房改建在传统院落演变类型中分布数量最多，占传统院落总数的 18.57%。主要原因在于厢房是传统合院式民居中等级低于正厅的建筑，其结构较为简单，改建难度较低。此外，从产权分解角度来看，厢房区域所持有的产权单一，往往没有产权建筑公用的情况，改建权限也相对自由。此类改建传统院落在形态上还保留着较多的传统要素，对于其传统风貌影响不大。具体统计见表 2-5。

表 2-5 传统院落演变类型统计

演变类型	无改造	存在改建						倒塌
		前厢房改建	后厢房改建	边路改建	整体改建	正厅改建	门厅改建	
数量	94	44	31	23	17	9	5	14
占传统院落总数	39.66%	18.57%	13.08%	9.70%	7.17%	3.80%	2.11%	5.91%

资料来源：作者自绘

同样的情况，后厢房部分也是传统院落改建类型中数量较多的，占传统院落总数的 13.08%。此外从实际后厢房区域的改建部分分布来看，后天井是主要改建部分，其主要原因在于后厢房区域远离院落入口，其交通功能和采光需求没有前厢房部分高。

城内传统院落受曲折的街巷形态影响，导致厢房外侧的边路区域因紧贴街巷多为不规则形状。边路改建类型在院落改建类型中也较多，占传统院落总数的 9.70%。主要原因在于其建筑等级较厢房更低，并且护厝位于传统院落边缘地带，偏离了以正厅为中心的传统院落轴线方向，其改建与否对传统院落的主体格局影响较小。此外，城内城隍庙街区内曲线形式的街巷走向和非垂直相交的街巷交叉口形态产生了较多具有边路空间特征的传统院落，继而在随后院落发展过程中进行边路区域的空间改建，从城隍庙街区内的边路改建数量远高于鹏程街区可以印证这一点。

　　整体改建型，城内传统院落整体改建类型的数量占传统院落总数的7.17%，此类传统院落进行了大范围的改建，往往只保留院落内等级最高的正厅建筑，传统院落风貌大幅改变，能够显著地看出产权的分化导致的院落内建筑形态的差异，正厅改建类型、门厅改建类型数量较少，占院落总数的3.80%。门厅作为传统院落中等级最高的建筑，具有祭祀祖先、迎宾会客、家族成员日常活动等众多功能，是特定时空条件下，家族庄严仪式的空间场所，正厅朝向更是决定了院落轴线，具有统领其他建筑的功能。另外，20世纪50年代进行土地改革时，正厅建筑厅堂部分一般不作产权分割，依旧作为传统院落中的公共空间来使用。因此出于传统院落秩序的维护以及公共空间使用等需求，正厅改建在改建类型中分布较少。门厅改建类型数量最少，主要由于城内现存传统院落以合院式为主，现存短进深的传统商铺建筑和窄开间的柴栏厝民居较少，仅有5处，占传统院落总数的2.11%。

　　结合现状传统院落演变数量及空间分布的整体情况，归纳总结城内传统院落演变的四个特点如下：

　　1）功能延续

　　城内传统合院式居住建筑的合院式布局、双坡青砖屋面等特征在后续居住建筑类型中都有部分体现。合院式空间布局在后续建筑类型中多演化为建筑内部布局，如中华人民共和国成立初期居住建筑类型的天井及内部房间的划分。传统民居中融合式屋顶和双层屋面特征在后续居住类型中已简化为双坡形式的青砖屋面或彩钢屋面，在后续多个类型中都有保留。

　　现状传统院落延续了居住建筑的使用功能。从现状传统院落演变整体情况来看，大部分传统院落出于使用需求而进行大量改造建设，但整体上依旧延续了其作为居住使用的功能，仅有少部分传统院落改造为公共服务设施，如城内陈氏家族居住院落，现改为鹏程社区服务中心。

　　2）产权限制

　　产权边界影响了传统院落的演变类型。受原有单一产权分解模式的影响，传统院落中正厅多为产权共有，厢房和边路区域的护厝多为单一产权持有。因此厢房和边路区域的住户可以相对自由地扩大自己的产权范围，对原始院落的天井空间进行外部空间增建，从改建类型数量分布来看，前后厢房区域和边路区域是改建数量相对较多的区域。正厅产权往往分给 2 ~ 4 户，并且原有厅堂空间大部分未被分配，仍是公共空间，除了对于公共空间使用需求的考虑，正厅内的住户若要进行产权内的空间改善需征求其他邻近产权者的同意，加大了正厅改建的执行难度，造成正厅改建数量较少。

3）形态重塑

现状传统院落的改建部分重塑了院落空间形态。实际上从传统院落产权分解之时城内传统院落内在形态就已经改变了，在后续院落发展中新产权用地内的建筑更新改造之时其内在形态改变的仅是外部空间表征。城内院落改建部分的建筑材料、结构与装饰风格基本采用了非传统形制，大部分是从居住空间扩容的角度进行改建，多采用砖混结构、抹灰墙面、彩钢屋顶等建筑形制做法。受改造部分的空间外部特征影响，城内大部分传统院落形态的整体性遭到破坏，部分院落传统"痕迹"仅能从内部墙面、地面铺装中捕捉。

4）居住模式改变

纵观城内居住模式发展历程，除了外部特征形态的演替之外，内部居住模式改变是另一特征。明清时期居住建筑以多建筑围合的合院式建筑为主，建筑层数为正厅建筑 1 ~ 2 层，厢房和附属建筑多为 1 层。至民国和中华人民共和国成立初期，随着产权用地规模的收缩，居住建筑已垂直向上发展，层数发展至 2 ~ 3 层，至 20 世纪 70 年代后建筑层数发展至 3 ~ 5 层，2000 年后出现的住宅建筑层数已达 8 ~ 30 层。居住模式也随建筑形态的演变而改变，原有大家族多代人一院的共居模式也逐步演化为大家族一楼分层居住和小家庭单元居住的模式。

3. 演变原因

1）制度因素

同土地改革对传统院落分解演化影响一样，产权分配制度限制了中华人民共和国成立后居住建筑的用地规模。在产权用地规模的限制下，新建建筑产权用地尺度已无法进行合院式建筑划分，建筑形态因此由单层平面向垂直空间展开形成独栋式建筑。同时商品房制度的出现，也随之出现中高层及高层形式的居住建筑。

2）家庭因素

城内家庭人口结构的变迁是居住建筑演变的另一因素。明清至民国期间，宁德县内家庭多为四世同堂、五世同堂的大家庭聚居模式，户均人口最多可达 5.7 人。20 世纪 90 年代期间，受产权分解和社会观念变迁等影响，大家庭传统居住模式演化为直系家庭聚居模式，县内户均人口最低仅有 3.37人。因此在家庭结构演变的情况下，居住建筑形态与之相适应，呈现独栋建筑和单元住宅的形式。

七、传统民居与街区构成关系

宁德古县城内历史遗存空间由微观的传统院落、中观的历史街巷及街廓共同构成。街巷形态决定街廓的外部边界，传统院落的组合排列构成了街廓内部空间。本节根据前面所述院落空间分布为切入点，从传统院落与街巷街廓的空间结构关系的展开分析街廓的形成，并推测宁德城内历史空间的形成。

结合前面所述城内街廓形态来看，城内除了鹏程街区部分街廓能够清晰地看出行列式建筑排列所组成的条形街廓空间之外，大部分街廓为曲线街巷边界所形成的不规则几何形态，街廓与建筑的构成关系较为模糊。其主要原因是街廓内增加了许多后建的独栋民房建筑，独栋建筑与传统院落混杂在街廓中，造成街廓空间格局不清晰。

从前面所述传统院落的空间分布特点可知，现状传统院落的分布与街巷紧密相关，为进一步探究街巷与传统院落的空间关系，提取传统院落轴线与街巷中心如图 2-31 所示。从院落轴线与街巷中心线的关系中可以发现，院落的轴线方向大部分与其所在街巷处于垂直关系，仅有 23 处院落轴线与街巷平行。由于城内街巷大多为曲线或斜线形式，院落轴向需要在不断变化角度的情况下与其形成垂直关系，而在曲线形街巷的情况下，仅可能在院落形成前就确定此种传统院落划分模式才有可能形成这样的结构关系。由此可以认为传统街巷的分布决定了院落的分布，传统院落形式依存于街巷分布。此外，从图 2-32 中可以发现，院落间的连接关系多为平行排布，仅在不同道路交会的区域，不同街巷侧的院落各自以垂直于街巷的模式分布，造成院落间的垂直相接关系。

垂直道路的轴线 ━━ 平行道路的轴线 ━━ 道路中心线

0 25 50   100 米

图 2-31 宁德古县城道路轴线关系   资料来源：作者自绘

曲线街巷   直线街巷

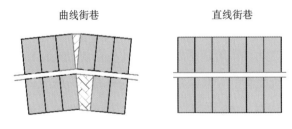

形变空间

图 2-32 不同形态道路对院落空间的影响   资料来源：作者自绘

　　因此，古县城内的传统院落分布主要由街巷主导，建筑大多以垂直于街巷的方向进行平行排布，受道路线形的关系，呈现出不同的街区空间形态，如城隍庙街区主要为院落轴线多变、形态自由，而城隍庙街区主要为院落轴线一致、形态规整。

　　相较于直线街巷所组成的空间，曲线街巷两侧的建筑会产生形变空间，这类空间在实际中拓展了传统院落的边界，进而导致传统院落内的建筑布局改变，也是边路空间的形成原因（图2-33）。此外曲线街巷所产生的空

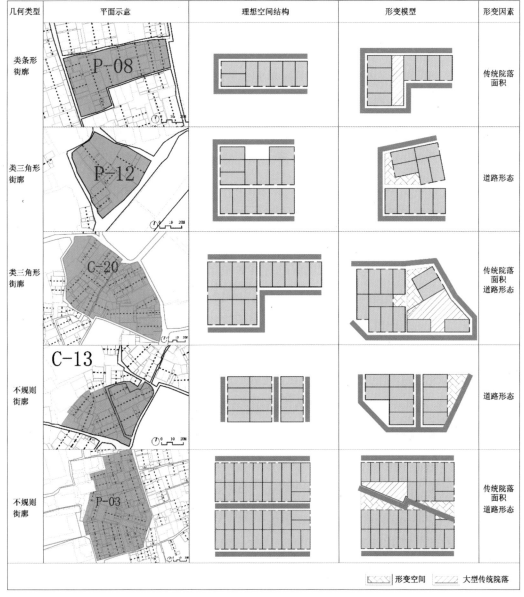

图2-33　街廓形态演变模式　　资料来源：作者自绘

间难以重复，而直线街巷所产生的空间可以纵向、横向自由地重复拓展。因此这也是鹏程历史街区与城隍庙街区内空间形态差异较大的原因。此外，在实地调研中发现，大型传统院落往往有多个出入口，横跨多个街区，由前面叙述可知，该进深多在 40～50 米之间，远大于全城平均进深 22.73 米。这类大型院落出现时，由于其对空间秩序的破坏，造成宅间路布局破坏，也是影响街区空间形态的因素（图 2-32）。

为进一步探究街廓、街巷与院落的关系，以现状建成类型中传统肌理保存较好的 P-8、P-12、C-13、C-20 街廓和传统肌理保存适中的 C-13、P-03 中传统院落集中区为例，分析街巷和大型院落对街区空间形态生成的影响。

由于现状传统院落平面形态略有差异，为更清晰地表达其中关系，将其形状差异忽略，统一为相同尺寸的院落单元。忽略街巷几何形态的形变，将其统一假定为完全直线形的街巷。由前面叙述可知，院落以轴线垂直于道路的方式分布于街巷两侧，在空间上表现为面宽界面是院落的沿街面，即院落以面宽方向与街巷连接。同时院落之间在未受道路影响的情况下，多数以轴线平行的方式排列，在空间上表示院落间以进深方向连接。基于以上原则，街廓内的理想空间结构模拟如图 2-33 所示。

P-08 街廓理想状态下为条形街廓，内部院落以单行排列，当出现大型院落时，改变了原有空间秩序，内部的院落数量增多，以及街廓几何形态的改变，也影响到了外部的入宅道路形态。P-12 街廓理想状态下为方形街廓，内部两组条形街廓排列，当外部街巷形态变化时，改变了方形街廓的几何边界，同时内部院落单元由于两组间院落相互挤压，冲突部分的院落消失，出现空置的形变空间，这些空间进一步成为其他院落的拓展空间。C-20 街廓理想状态下为方形和条形街廓的组合，当外部街巷形态变化且同时出现大型院落时，街廓几何边界改变，内部院落数量减少，形成大量形变空间用于院落拓展边界。C-13 街廓传统院落集中区理想状态下为两组条形街廓，当外部街巷形态变化时，内部院落数量减少且形成形变空间用于院落拓展边界。P-03 街廓传统院落集中区理想状态下为两组条形街廓，当内部街巷形态变化时，内部院落数量减少，同时大型院落的出现又再一次改变了内部街巷的形态，产生大量形变空间用于院落拓展边界。

由于以上空间结构仅在理想条件下生成，与实际空间差异较大，并且历史上宁德古县城内街巷与传统院落的形态变化也无法准确核实其位置，但结合历史上明正德时期城内"五街十境"的境域分布特征来看，城内空间由街巷主导了空间的形成与分布。明正德时期城内"街"不仅是一种区划层级单位，也是一种具体的空间形态要素。该时期街巷与两侧建筑共同构成"街"空间，形成城市—"街"—院落的空间层级。由此也可以推断得出，实际上城内街廓是一种被动形成的边界，当多片"街"在空间上交会时，街巷界面形成了街廓的外部边界，街巷两侧的传统院落填充了街廓的内部空间，最终形成了最初街廓的空间形态（图2-34）。随着城内街巷形态变化，大型院落的出现，最终形成今城内曲线边界不规则的街廓几何形态。

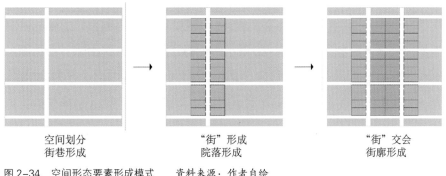

| 空间划分 | "街"形成 | "街"交会 |
| 街巷形成 | 院落形成 | 街廓形成 |

图 2-34　空间形态要素形成模式　资料来源：作者自绘

第三节　福州城市形成史

一、福州城市史

　　福州城区建设随着沙洲的拓展而进行，城池相连的港区也随着城区建设的拓展而不断向南推移。福州城河与闽江之间，舟船均可随潮往来，闽江下游内河运输发达，宋代的福州城区，朱紫坊畔的安泰桥一带就是重要的港区，桥边就有码头，货物可以在此卸货，随潮出江入海。宋元时期，台江上下杭一带经济发展迅速，台江一带逐渐成为福州南门外的闹市及重要的港区，再至明清，福州腹地内富饶的山海资源全面开发，商品经济进一步发展，民间手工业、商业的发达，为港口航运贸易全面发展提供了充沛的资源。

　　福州城市的形成，主要经历了 4 个时期（图 2-35），晋代为了躲避战乱，晋太康三年（282 年）汉族从中原南迁至此，随着城南水面逐渐淤积，城市由北向南扩展，先后建造了冶城、子城等城垣。从以上记载看，冶城的位置在今鼓岭以南、城隍庙以北的地区，现在的华林寺和乾元废寺（今钱塘巷一带）都是冶城的故址。

　　古人利用这里"环山、沃野、派江、吻海"的形胜，城市布局顺其自然环境，形成以屏山为屏障，与于山、乌山相对峙，以南街为中轴，两侧成坊成巷，既讲究对称，又适应起伏地形，空间轮廓得体的格局。

　　随着闽江流域经济的发展，晋武帝太康三年（282 年），福州称晋安郡（《晋书·地理志》）。首任太守严高因故城太小，且地势不平，故请舆地专家设计制图，在越王山（屏山）南麓建立新城，名为"子城"。子城城垣外围开辟城壕并疏导成为东、西、南三面河道，整治东、西两湖，形成完整的水系。位于今鼓楼区，北为东湖路，南为虎节路，西为达明路，东为井大路。唐天复元年（901 年），闽王王审知筑方圆 40 里的罗城（外郭城）。罗城墙全长 40 里，设城门 8 个。至此，福州城由"子城"的内城和"罗城"的外城组成双重城的结构，即内城为政治中心，外城为居住区和商业区。

　　唐代子城：唐中和年间（881—885 年），经济繁荣，人口大增，观察使郑锚因而修拓子城。在《三山志》中，记有当时的六个城门遗址，为：正南虎节门（在到任桥，即今虎节路口）、东南定安门（即今之卫前街）、东康泰门（上有楼名东山楼，即今之丽文坊）、西丰乐门（据《闽都记》：其门近义和都仓，即今旧米仓巷附近）、西内宜兴门（为旧子城门，北宋

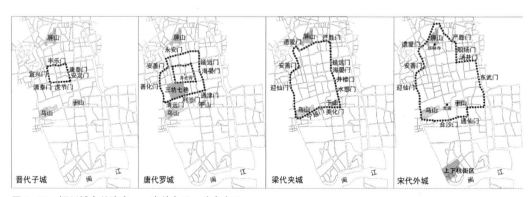

图 2-35　福州城市的演变　　资料来源：作者自绘

熙宁二年（1069 年）拓子城到丰乐门，而此门不撤，故称内门，遗址在今渡鸡口）、西南清泰门（上有清泰楼，门外有雅俗桥，即今之杨桥路）。

唐末罗城：唐天复元年（901 年），王审知为"守地养民"，用钱纹砖建罗城，呈东西宽、南北狭的椭圆形，东西约 3000 米，南北约 2000 多米。城南至利涉门（今安泰桥边，城门上建重楼夹阁，宋政和五年灾，此门遂废）；东至海晏门（今东大路澳桥边，俗名鸡鸭门）；东南至通津门（今津门路上的高节路口，俗呼津门，唐代城门中唯此门至清代尚存）；东北至延远门（今贡院前附近有地名延远境，即其旧址）；西北至安善门（靠近西门兜的善化坊）；西南至清远门（今澳门路光禄坊口）。

五代后梁开平二年（908 年），王审知又把原有椭圆形城墙的南北两端稍加扩大，把罗城夹在里面，即所谓的"夹城"，使福州城呈"满月"形状。

夹城南端由安泰桥边的利涉门扩展到现在南门兜的宁越门，北端由钱塘巷的"永安门"扩展至越王山麓的严胜门、遗爱门一带，又叫南月城、北月城。夹城围乌山、屏山、于山于城中，至此形成了福州城"三山两塔"的城市基本空间格局。

北宋开宝七年（974 年）福州刺史钱昱增筑东南夹城，称为"外城"。《三山志》载：外城南自光顺门（即合沙门，在今洗马桥附近）而西，城三百二十九丈，其门楼六间，敌楼三十间。东南扩至通仙门（后门废，但水部门外有地名通仙境，在今琼东路附近，即其旧址）；东自东武门（即行春门，今称东门）而北，有安道、临江二门，楼三间，敌楼皆五门；便门二（汤井门、船场门），敌楼九间，敌要九间，城二百七十四丈，开沿城河二千九百尺；自东武门而南，门楼三间，敌楼二十四间，城三百一十丈，开沿城河三千六百尺。东北扩至汤井门（即今汤门）和船场门（据《福州府志》载，即今井楼门）；西面扩至怡仙门（即今西门）。城高一丈六尺，厚八尺，下用坚石为墙基，上垒以砖镜，覆有屋盖。

宋代城垣的兴废：北宋太平兴国三年（978 年），下诏"堕城"，就墙基垒以短垣，惟各城门的谯楼仍保存。北宋熙宁二年（1069 年），由郡守程师孟就子城旧址加以修复，且在西南隅有所拓展；南宋咸淳年间（约 1266 年），又于郡外城增筑。

明洪武四年（1371 年），福州城垣曾有较大规模的重建，有南门（在九仙桥），北门（即从前夹城的严胜门，此门后塞，改遗爱门为北门），东门（即从前外城的行春门），西门（即从前夹城的迎仙门），水部门（在东南面）。

清顺治十八年（1661 年），总督李率泰因防火灾，拆换城屋，增筑垣墙，高二丈四尺（约 8 米），厚一丈九尺（约 6.3 米），计窝铺二百六十四座，炮台九十三座，垛口三千有奇，马道五千五百三十丈（约 18433 米）。总督尚书喀尔吉善、巡抚都御史潘思集又重修，但城的范围没有发生变化。明清时期，福州府成为福建的中心，成为朝贡国琉球王国的指定入港地，并设置琉球会馆。

1919 年起，政府开始拆除福州城墙，筑成环城马路。1928 年以后，市区内的主路开始陆续复兴。福州的内外格局，自从"五口通商"后，进一步发展了闽江两岸街市，由古城到新区，经狭长的茶亭街，像一条扁担，一端挑着"三山两塔"，另一端挑着南台商业区，呈哑铃状，这又是福州城市发展的另一特色。北自屏山沿着永定门（冶城）、虎节门（子城）、利涉门（罗城）、宁越门（外城）和府城的合沙门沿今八一七路全线，一直向南延伸到烟台山，形成一条始终不变的中轴线（图 2-36）。

图 2-36 1945 年福州市区图   资料来源：中国文化服务社福州分社

二、福州历史街区

（一）三坊七巷与朱紫坊

三坊七巷和朱紫坊在历史文化名城的范围内，是仅有的成片大面积且保存比较完整的传统街区（图 2-37）。

三坊七巷自从唐代形成之时起，便是贵族和士大夫的聚居地。随着社会、经济的发展和城市的不断扩张，三坊七巷在清末民初之时曾有过一段辉煌的历史，这一时期内三坊七巷涌现出了大量的对当时社会乃至以后的中国历史有着重要影响的人物，同时也留下了大量的名人故居等传统民居。三坊七巷位于福州东街口的西南部，向西至白马河，南至乌石山，东面紧邻南街（八一七中路），北面紧邻杨桥路。紧邻福州传统历史中轴线，与朱紫坊街区以及乌山、于山历史风貌区均不远。

明清时代，由于三坊七巷为当年富绅宅第聚居处。因此福州城内之坊巷，以三坊七巷为最为著名。《竹间续话》云："三坊为衣锦坊、文儒坊、光禄坊。"《榕城考古略》云："南后街东，杨桥巷、郎官巷、塔巷、黄巷、安民巷、宫巷、吉庇巷，凡七巷，西口皆达于此。有三坊七巷之名。"衣锦、文儒、光禄三坊之东口，皆达南后街，曩岁新春，街上灯市极盛。

三坊七巷最早的记载形成于晋代。淳熙《三山志·罗城坊巷》载："新美坊（旧黄巷）。晋永嘉南渡，黄氏之居此……"黄巷就是七巷之一；又一则"道山坊（以道山亭名之，内有道士井）。初，晋时林氏入闽，又华阳道士谓之曰：可凿井于南山下，遇磐石则止。乃如其言……泉遂涌，至

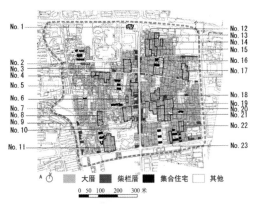
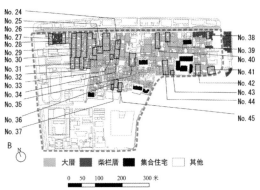

图 2-37　三坊七巷和朱紫坊的空间构成以及测绘民居　　资料来源：作者自绘

今不涸"。道山坊在三坊七巷南面乌石山北坡，道士井在永柞社（道山坊内，至今尚存）；清乾隆《福州府志》引宋路振《九国志》载："晋永嘉二年（308年），中州板荡，衣冠始入闽者八族，林、黄、陈、郑、詹、邱、何、胡是也。"历史上称为"衣冠南渡"，说明有大量的北方汉人入闽。以上记述，都说明西晋永嘉年间（307—313年），诸多南来贵族、士人聚居于晋安郡子城周围。也是子城外坊巷沿起的佐证。也是关于三坊七巷的最早的记载。

到了唐天复年间（901—904年），罗城的分区布局以大航桥河为分界：政治中心与贵族居城北，平民居住区及商业经济区居城南。同时强调中轴对称，城北中轴大道两侧辟为衙署：城南中轴两边，分段围筑高墙，这些居民区成为坊、巷之始，形成了今日的三坊七巷。

宋朝时，由于城池不断地扩建，三坊七巷已经逐步位于城市的中心。宋代梁克家编撰的《三山志•罗城坊巷》就明确地列述三坊七巷中三坊六巷。表明宋代三坊七巷的现在格局已经形成。

三坊七巷到了明清时期特别是晚清时期是其发展的鼎盛时期。现存的大量的传统都是这个时期形成的。周围形成了候官衙、圣庙、学府、抚院使署等官方建筑和场所。区位的优势和原本一贯以来为贵族和士大夫聚居地的传统，吸引更多的贵族和士大夫来此居住。民国以后，由于交通方式的改变和旺盛的需求，对三坊七巷内的杨桥路、吉庇路、南后街以及光禄坊进行了拓宽，并修建了通湖路，三坊七巷的格局遭到一定程度的破坏。通过拓宽，南后街逐步成为了福州城中较为重要的商业街，杨桥路也成为城市的主干道之一。

朱紫坊位于福州市区中心最繁华的商业中心东街口东南部，安泰河旁。东临法海路，西靠八一七北路，南至圣庙路，北接津泰路。

朱紫坊自唐代以来形成，后梁拓城后就一直位于城内。朱紫坊街区始建于唐末五代，《榕城景物录》载："唐天复初，为罗城南关，人烟绣错，舟楫云排，两岸酒市歌楼，箫管从柳阴榕叶中出。"可见当时的繁荣景象。此后，后梁开平二年（908年）拓建夹城。朱紫坊位于夹城之内。据《三山志》记载，北宋开宝七年（974年），刺史钱昱增筑外城，由于城池的不断扩大，朱紫坊逐步位于城市中心，主要街巷格局大致形成，地方史志上已出现朱紫坊这一名称。史书记载，北宋嘉祐、熙宁间，坊内朱敏功兄弟四人皆登仕版，朱紫盈门，因而为坊名。今坊内仍留有"朱紫达善境古迹"石牌坊。朱敏功上承朱敬则、下启朱倬，一门唐宋两宰相，可谓名门望族。到明、清时期，特别是清代中叶朱紫坊发展到了鼎盛时期，朱紫坊整体街巷格局基本形成。

（二）上下杭

上下杭又称"双杭"，闽江内河三捷河、济南河分别围绕上下杭地区的东南部、西北部。明清以来，人口增多，街市形成。明末清初，福州地区自然寄泊的码头由洪塘渐移至包括上下杭地区的闽江北岸。1842年后，福州作为"五口通商"口岸开埠，至民国时期，上下杭地区各类行业私营商业企业数百家以及手工业商家近百家，成为沟通省内外及东南亚地区的商品集散地（图2-38）。本书分析的内容是2010年上下杭历史街区改造前的田野调查成果。

三、福州传统民居类型

（一）传统民居类型

福州传统民居基本可以分为两大类，即合院式（大厝）和街屋式（柴

图2-38　上下杭街区街巷系统　　资料来源：作者自绘

栏厝[1]）。在福州传统民居中四合院式的大厝数量最多，其中最常见的是"三开间三进式"[2]。面宽为三开间，轴线的进深方向通常有三个天井，此类型在泉州地区被称为"三间张"。此外，三坊七巷也有大量"五开间"的民居。三坊七巷传统民居十分注意朝向的选择，大门开在街巷处，民居取坐北朝南或坐南朝北。按照门厅、天井、正厅依次在中轴线上展开。

　　大门外常设置门罩，进入大门是门厅，与大门正对的是插屏门[3]，平时关闭，起到遮挡视线的作用。门厅位于中轴线上，门厅两侧是门头房[4]。天井的左右两侧设有披舍[5]，披舍可用作书斋，没有设置披舍的在达官贵人家中用作停放坐轿的空间。正厅是民居的主体部分，进深通常使用五柱或七柱，正厅的明间用屏门隔为前后厅，前厅作为接待和公共活动场所，后厅则是祀祖的场所。次间、梢间用作居室，并按长幼尊卑分配使用。

　　三坊七巷民居普遍规模较大，主要表现在出现多条轴线，根据扩大要求在原来轴向东侧或西侧增加跨院空间，即将其他附属建筑和庭院安排在轴线的另一侧，形成主次分明的轴线空间。三坊七巷的"三开间三进＋跨院"，如图 2-39 所示。

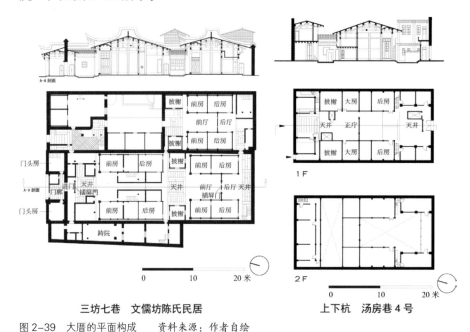

三坊七巷　文儒坊陈氏民居　　　　　　上下杭　汤房巷 4 号

图 2-39　大厝的平面构成　　资料来源：作者自绘

1　也称为"柴栏厝"。
2　此空间组织通常认为是由于"三开间一进式"演变而来。
3　北京四合院中的"照壁"。
4　闽南称为"下房"。
5　北京四合院的厢房，闽南大厝中的榉头。

梁架结构主要可以分为抬梁式、穿斗式以及抬梁穿斗混合式。与北方地区的抬梁式相比，正厅边贴位置有明显落柱，落5根称为"穿斗式五柱"（图2-40A），落7根称为"穿斗式七柱"（图2-40B）。"穿斗式五柱"，从入口方向依次是前门柱、前小充、前大充、栋柱、后充柱、后门柱；"穿斗式七柱"，从入口方向依次是前门柱、前小充、前大充、栋柱、后小充、后大充、后门柱。相反，抬梁式中省略穿斗式七柱中的前大充和栋柱（图2-41）。

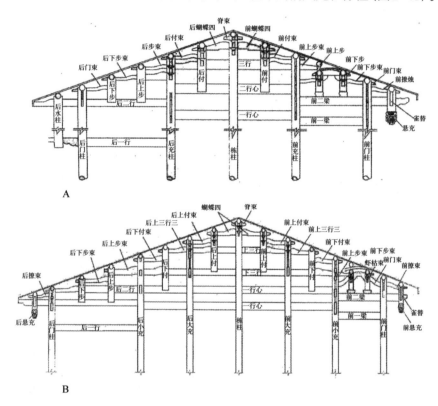

图2-40　A.穿斗式五柱 B.穿斗式七柱　　图片来源：《古建筑保护修复施工技术》

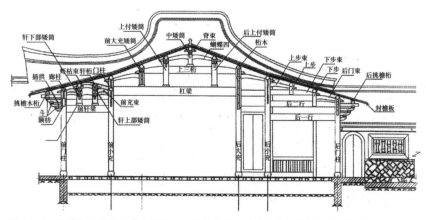

图2-41　三坊七巷的抬梁式木构架　　图片来源：《古建筑保护修复施工技术》

柴栏厝（柴板厝）平面与泉州手巾寮和漳州竹篙厝相似，但福州柴栏厝开间小，多为单开间，面宽 3.6 米，进深 6 ~ 8 米，多为二层街屋式。内部空间分配明朗，前部为商店，中部为仓库或客厅，后面通常用于厨房和厕所，二层为较私密空间，常用作寝室（图 2-42、图 2-43）。

（二）传统民居的类型和演变

1.三坊七巷和朱紫坊

三坊七巷中大厝式传统民居数量最多，主要分布在坊巷中，但柴栏厝则主要分布在南北走向的南后街的两侧，呈"梳子形"排布。朱紫坊的大厝式传统民居分布在整个坊中，柴栏厝则集中在安泰河边以及坊内的西北和东北位置。本书以三坊七巷和朱紫坊的 39 栋大厝民居为对象，分析其类型及演变形式。

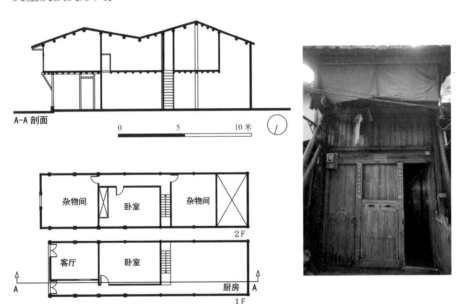

图 2-42　柴栏厝的基本构成（上下杭星安桥 62 号）　资料来源：作者自绘自摄

图 2-43　柴栏厝的木构架　资料来源：作者自摄

从 39 栋民居的一层平面可以分辨独栋的大厝（柴栏厝）以及由这些独栋组成的集合形式。即以联系天井的轴线数和天井的数量为依据。其分类如图 2-44 所示。

大厝的基本单元，就是前述的"三开间"或"五开间"，可以分出"三开间"+"护厝"和"五开间"+"护厝"。除特殊的 2 开间柴栏厝 No.34 以外，独栋的三开间大厝有 17 栋。全部以南北轴线为基础，主要入口放在南面或北面，个别 No.9、No.22、No.31、No.39 的主入口位于东西面。同时，可以区别三开间的增建形式（No.1、No.27、No.28、No.29）和五开间的增建形式（No.8）。但朱紫坊民居的扩建主要是在南北的轴线上展开的，最终形成大厝以"条状"并列形成街区。

由大厝组成的组合形式如图 2-44 所示，以南北轴线上的天井为切入点，可以推测民居的增建过程。

首先是两列的集合形式（两条轴线）：

No.12 是"三开间二进"+"柴栏厝"形式，No.11 是"三开间一进"+"三开间三进"的并列形式，最后在后部添加"护厝"，No.20 是两列"三开间三进"的并列形式，但其中一部分已经增建成 2 层。No.7 为两列"三开间三进"的并列形式，并添加"护厝"。No.2 的增建过程较为复杂，可以认为是"三开间三进"+"护厝"之后形成的"三开间三进"的并列形式。

No.18 的原型是"五开间二进"大厝，在其后部增加"五开间一进"，西侧增加"三开间二进"。No.15 的原型是"五开间三进"大厝，东侧增建"三开间二进"，在后方增建"五开间一进"。No.4 是两列的"三开间三进"大厝，甚至再添加"护厝"，从隔墙的中心可以判断，该组团的基本构成单元是"三开间一进"，而且东临南后街，主入口设置于东面，因此是在进深方向展开扩建。

三列型和四列型基本可以视为相同的集合形式。如 No.6，在中央建造新型集合住宅的例子极为罕见。以基本单元作为原型，在此基础上展开组团扩建是最简易的做法。

三坊七巷的街巷肌理并不是规整的网格状，虽然民居的建造历史可以追溯至明末，但现状的民居轴线与街巷网格并非明显的平行或垂直关系。先在东西走向的道路两边建造坐北朝南或坐南朝北的大厝，之后再开始大

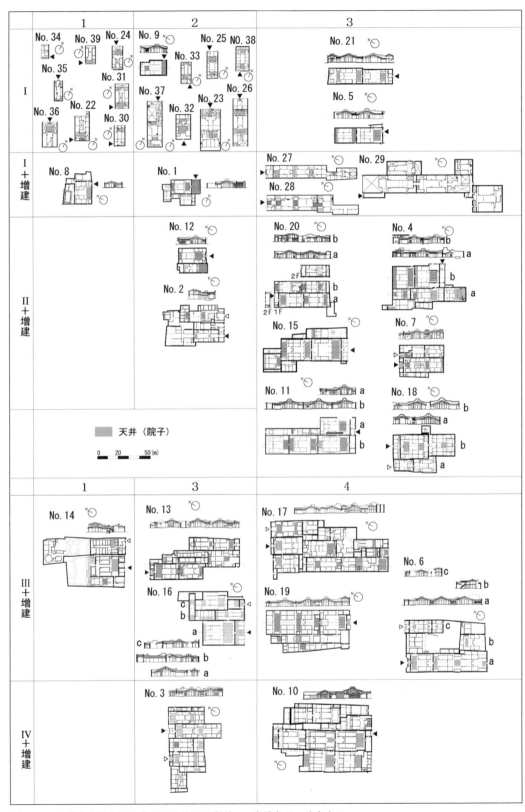

图 2-44　三坊七巷和朱紫坊传统民居的平面类型　　资料来源：作者自绘

厝东西侧或后部的增建。

2.上下杭

上下杭所见的传统民居类型与三坊七巷和朱紫坊相似，也是以大厝和柴栏厝为主。从 2002 年福州市规划设计研究院的资料得知，当时上下杭街区内，还尚有大厝民居 236 栋、柴栏厝民居 155 栋。

大厝主要分布在上杭路和下杭路的两侧，作为街区的主导居住样式与街道垂直。柴栏厝则主要分布在三通河周边。在快速的城市化进程中，出现了多层的砖混式集合住宅。较有意思的街区肌理是，一些多层住宅建筑位于中央，四周被传统大厝包围着（图 2-45）。

对上下杭街区的 19 栋民居进行了分类（图 2-46），一层的有 5 栋、二层的有 13 栋、三层的有 1 栋。分类依据民居的开间和进深的天井数进行，

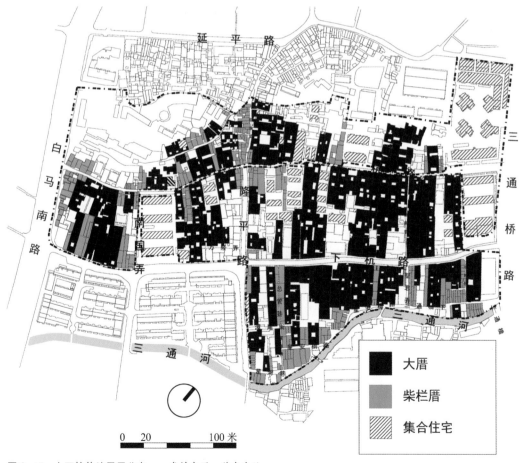

图 2-45　上下杭传统民居分布　资料来源：作者自绘

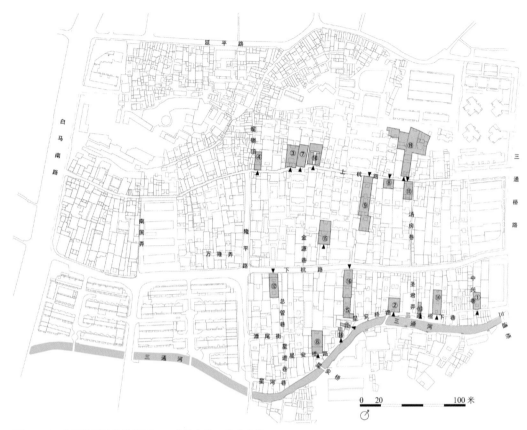

图 2-46　上下杭测绘传统民居　　资料来源：作者自绘

如图 2-47 所示。上下杭街区三开间型的大厝最多，图中的⑮是五开间型。也出现了大厝的变化型（④），以及新型的集合住宅样式（⑦、⑩）。接下来进行细化分类。

　　1）一层的三开间型（③）

　　2）二层的三开间型、五开间型（⑪、⑮）

　　二层的三开间型或五开间型，似乎是基于一个基本型发展起来的。从楼梯设置的位置来看，首先保证一层平面对称，再基于一层平面以左右对称的形式设置楼梯（⑥、⑨、⑪、⑯）。

　　3）柴栏厝（⑬、⑰、⑱）

　　福州地区的柴栏厝基本都是二层。前面入口用于玄关、祠堂和客厅、卧室，中央部分是餐厅或卧室，后方用于厕所或厨房（⑰、⑱）。上下杭街区内的柴栏厝无天井。

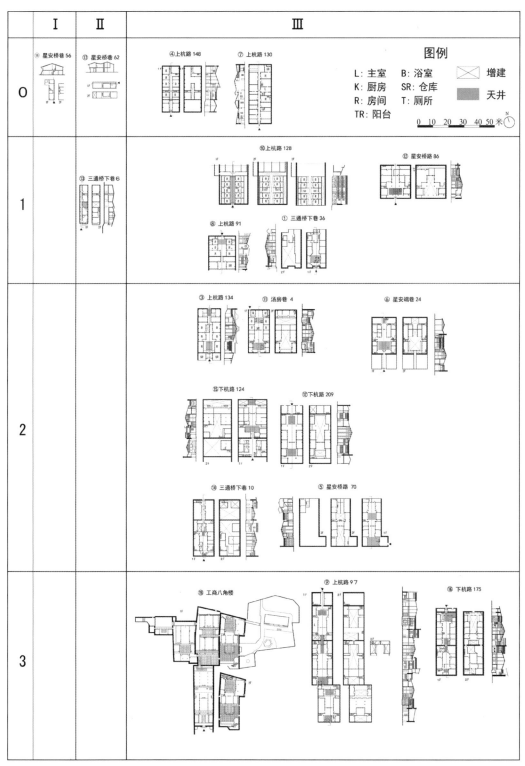

图2-47 上下杭传统民居的平面类型 资料来源：作者自绘

4）中廊式公寓（④、⑦、⑩）

与前面分析的传统类型不同，是新的集合住宅样式。⑩是将传统大厝民居一进的部分改建后形成的。

传统民居样式虽然保护下来了，但内部的使用方式却发生了改变。一栋大厝里面居住着同家族的十几户，以房间为单元的产权所有是普遍现象。

第三章

闽东传统民居平面
类型及其演变

闽东地区传统民居样本主要来自福州市、宁德市。如图 3–1 所示（见书后插页），根据分类定性分析其平面，梳理闽东地区传统民居平面的基本型及扩张型，。

第一节　闽东传统民居平面的基本型

闽东地区传统民居的基本型根据构成要素的不同可分为 MD-31-A[1]、MD-31-B、MD-31-C 三种基本型。三种基本型均为三开间一进院类型，可分为三段讨论（图 3–2）。

1. 一落中，MD-31-A 型一落均由明间、次间构成，次间与厢房紧密相连，MD-31-B 型为门廊类型，其左右两侧为次间，而 MD-31-C 型仅设置了檐廊；

2. 天井段中，MD-31-A 型、B 型均设有厢房，天井的上边沿紧贴上落通廊，C 型则为檐廊类型；

3. 二落中，三种基本型均由明间、次间构成，明间与天井、次间与厢房通过通廊过渡。并且明间都被分为厅堂及后轩两个空间。

闽东地区其余建筑规模的基本型均可由以上 MD-31-A、MD-31-B、MD-51-C 三种基本型推演得到，基于基本型纵向扩张得到的多进院落的组合方式以单种类型组合为主，具体过程如图 3–3 所示。

第二节　闽东传统民居平面基本型的扩张方式

一、横向扩张

如图 3–4 所示，闽东地区平面基本型的横向扩张方式可分为两种：

1　本章中对基本型编号命名方式为：区系-建筑类型-序号，如闽东区系-三开间一进-A 型的编号即为 MD-31-A。

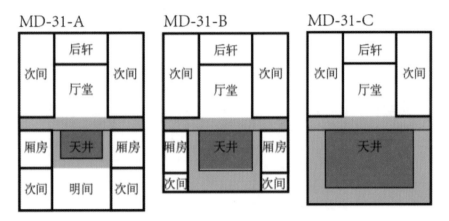

图 3-2 闽东地区传统民居基本型平面　　资料来源：作者自绘

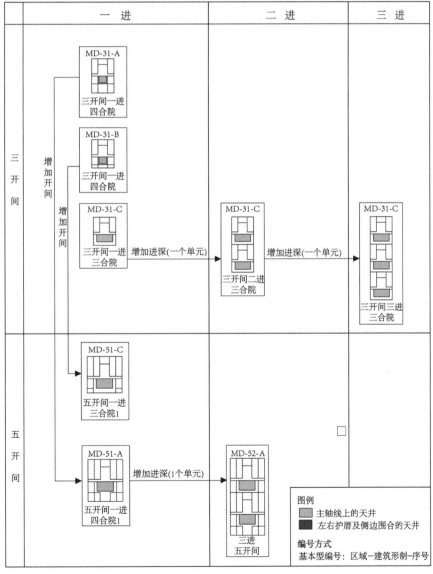

图 3-3 闽东地区传统合院民居平面的基本型　　资料来源：作者自绘

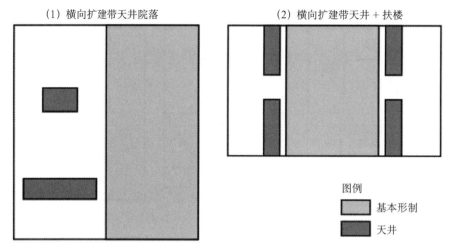

图 3-4 闽东地区传统民居基本型横向扩张方式　　资料来源：作者自绘

1. 横向扩建带天井院落

此类型扩建的方式是在主体建筑一侧加建一个完整的合院院落，其中轴与主体建筑中轴平行，扩建院落的规模受屋主财力、基地环境的影响而不同，规模较大的进数与主体建筑相同，规模较小的只能在周边建筑的空地上加建一进院落，闽东地区较常见的扩建院落类型为两进院落。此类型样本多位于福州市区，与闽北地区传统民居相同扩张方式的居住用途不同，闽东地区此类扩建院落还承担书房、花厅等用途。

2. 横向扩建侧天井 + 扶楼

闽东地区横向扩张多见于山区之中，包括土堡、庄寨内部，其扩建方式是在主体建筑左、右两侧扩建扶楼，并由回形走道进行联结。此类型与闽中地区传统民居做法相似。

二、纵向扩张

如图 3-5 所示，闽东地区平面基本型的纵向扩张方式可分为两种：

1. 纵向扩建门厅

此类扩建方式是在主体建筑入口处设置门厅，多出现于一落为檐廊类型的民居中，即隔绝了外界干扰同时保留一落宽敞的格局。

（1）纵向扩建门厅　　　　（2）纵向扩建后天井＋排屋／后楼

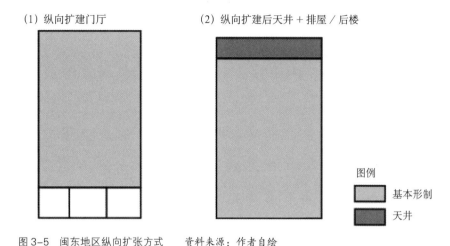

图例

　基本形制

　天井

图 3-5　闽东地区纵向扩张方式　　资料来源：作者自绘

2. 纵向扩建后天井 + 后楼

此类扩建方式即在建筑尾部增加横向狭长天井，并通过回形走道与建筑后楼相连，部分建筑未设置走道而是需要从天井中穿过。此类纵向扩张在除闽中地区外的样本中均有出现，且扩建方式基本相同。

三、综合扩张

如图 3-6 所示，闽东地区传统民居基本型的综合扩张方式可分为三种：

（1）纵横向扩建　　（2）横向扩建带天井院落　　　（3）横向扩建带天井＋排屋／扶楼
带天井院落　　　　纵向扩建后天井＋排屋　　　　纵向扩建

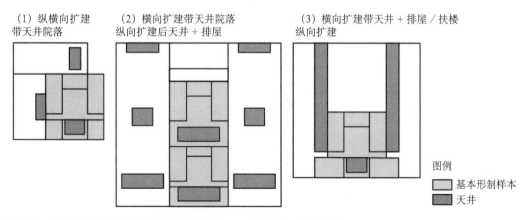

图例

　基本形制样本

　天井

图 3-6　闽东地区传统民居基本型综合扩张方式　　资料来源：作者自绘

1. 纵横向均扩建带天井院落

此类综合扩张的横向扩张方式与前述的横向扩建带天井院落相同，纵向扩张方式则是在建筑尾部扩建一个完整的带天井院落，在样本中不仅出现了与主体建筑主轴相同或平行的扩建院落，还出现了主轴与主体建筑主轴垂直的情况，主要原因是受到周边建筑环境、宅基地范围受限的影响。

2. 横向扩建带天井院落，纵向扩建后天井 + 排屋

此类综合扩张是横向扩建带天井院落与纵向扩建后天井+排屋的综合。

3. 横向扩建侧天井 + 横屋，纵向扩建白沙镇特殊型

MD-31-BC-2 即为横向扩建侧天井 + 横屋，纵向扩建房屋。以 MD-SM-1 为例，此类型中主体建筑的屋脊与纵向扩建房屋屋脊相互垂直，扩建房屋的朝向与横屋相对。

四、闽东地区传统民居平面类型的扩张趋势

从基本型的分布来看，福州市的传统合院民居天井尺度较大，占用下落进深空间，而其他样本的平面类型天井较小且带有门厅。闽东地区民居平面的扩张方式不明显，在福州市的三坊七巷传统合院民居样本中由于宅基地受到周边建筑的影响，扩张方向规律性不强，而村落中传统合院民居平面类型与其余区系相似，扩张方式以横向扩建横屋或扶楼为主。

从图 3-7 中可以看出，作为零层级的初始基本型为 MD-31-A、MD-31-B、MD-51-C 三类，一层级类型则包括以基本型为基础的三开间二进院类型、五开间一进类型、扩张型。二层级类型包括了三开间三级类型、五开间二进类型以及基于二层级得到的扩张型，三层级同理。由此可得到闽东地区传统民居的扩张趋势曲线，如图 3-8 所示：在一次扩张时，闽东区系以横向扩张为主，二次扩张时同样以横向扩张为主，但曲线开始受到纵向扩张影响，在三次扩张时转变为完全的纵向扩张。

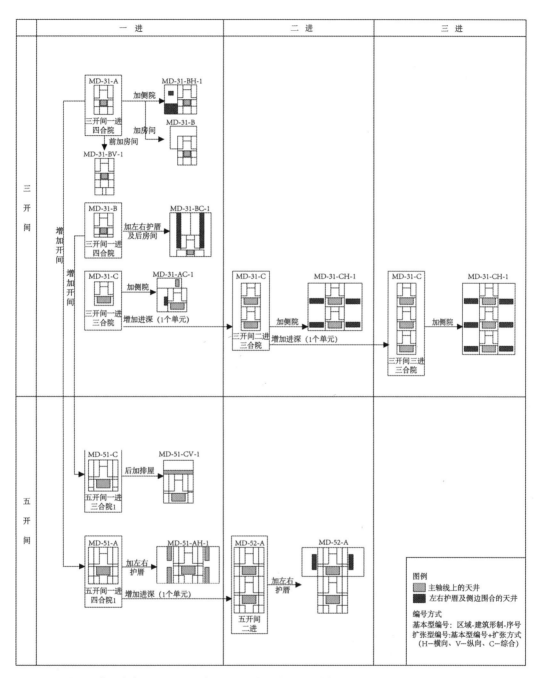

图 3-7　闽东地区传统合院民居平面的基本型及其扩张方式　　资料来源：作者自绘

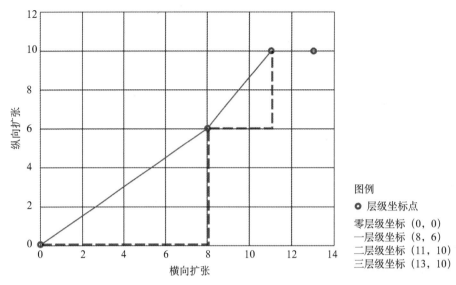

图例

◉ 层级坐标点

零层级坐标（0，0）
一层级坐标（8，6）
二层级坐标（11，10）
三层级坐标（13，10）

图 3-8　闽东地区传统民居平面形状扩张曲线　　资料来源：作者自绘

　　注：层级坐标由该层级中的类型扩张数量叠加得到，基于初始型的递增数量中横向扩张为（1，0），纵向扩张为（0，1），综合扩张为（1，1）。

第四章

闽东传统民居正厅
大木构架的类型及其
演变

第一节 闽东传统民居正厅大木构架的空间特征

传统民居的空间组成，除了从前述的平面进行考察，厅屏类型、楼层设置、楼梯布置、草架结构等方面，是深入探讨正厅大木构架的空间产生影响的重要要素。这些要素并不单独存在，因此在讨论闽东传统民居正厅大木构架空间特征时，通常以其空间组织类型展开。

闽东地区传统合院式民居正厅空间组织类型可以分成 5 类，如图 4-1 所示。

类型①是最简单的空间组织类型，其样本主要位于福州市区一带，主厝明间、次间和稍间都为一层。有的民居会在次间和稍间添加隔层，受制于房屋高度，这种隔层只能用来储存物品，而不能居住。这种隔层通常不会设置固定的楼梯，多使用临时的爬梯。

类型②有两种空间组织形式，第一种正厅为 1F，其余开间为 2F，另一种正厅为 1.2F，其余开间为 2F。这两种形式的区别仅在于正厅后廊是否连通。

类型②相较于类型①，屋架更大更高，满足了更多人居住的需求。类型②也是闽东地区出现最多的整体式空间组织形式。

类型③是类型②的特殊类型，即厅内带有草架。图 4-1 中正厅层数为 1.3F，可以看到，二层和三层的房屋沿着草架空间布局。这种空间组织形式在类型②的基础上进一步增加了居住空间，但是，位于次间二层的房间都是暗房间，采光通风条件较差。

类型④是 2F 主厝，主要分布于尤溪、屏南地区。

类型⑤正厅 2.3F，其余开间 3F。这种错层的空间组织形式主要出现在尤溪地区。厅内带有草架，于草架上再铺设楼层。正厅前厅为两层，其中第一层作为对外空间，其层高相当于次间的 2 层，这样便保证了前厅空间宽敞。前厅的第二层由次间二层的楼梯到达。其与开间均为 3 层，第 3 层由于部分房间受到坡屋面的影响，其房屋的空间形状不规则，一般用来储物。

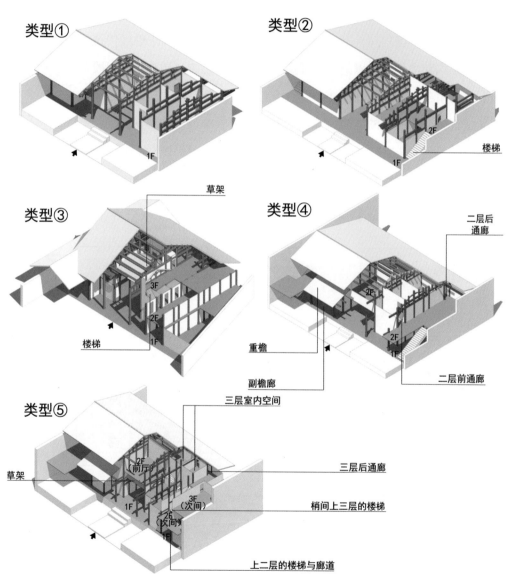

图 4-1 闽东地区传统合院式民居正厅大木构架空间组织类型剖（轴）测图
资料来源：作者自绘

第二节　闽东传统民居大木构架类型

我国传统建筑分南北谱系说，将汉民族传统建筑大致分为南方建筑与北方建筑。传统民居建筑营造相关的以南方民间的《营造法原》《明鲁班营造正式》（以下简称《鲁班经》）为代表，因此在讨论闽东地区传统民居正厅大木构架类型时，以此为重要参考。此外，诸如《园冶》《工段营造录》《居室部》等古籍（图4-2）也均有谈论建筑架构式样，但这些典籍主要是记录江南建筑的结构特点。闽东地区的做法是否受到其影响？本节首先分析《营造法原》《鲁班经》提及的基本类型，结合实际案例样本，提出正厅大木构架的分类方式，梳理其演变特征和类型分布。

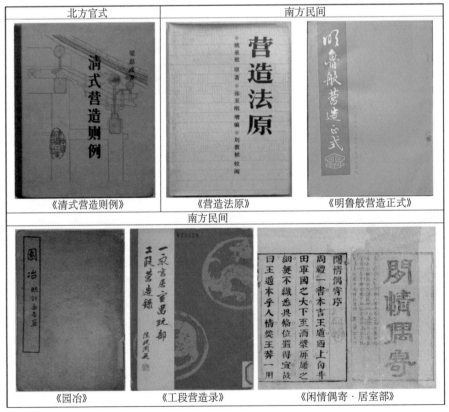

图4-2　古籍图书　　资料来源：作者自摄

一、《营造法原》《鲁班经》等古籍对闽东传统民居的影响

（一）《营造法原》中对于正厅大木构架的研究

《营造法原》是姚承祖基于其祖父姚灿庭《梓业遗书》与其毕生营造经验编撰而成，完整讲述了苏州地区"香山帮"的传统建筑营造法则和技术，被誉为"南方中国建筑之唯一宝典"。但这种说法也不完全正确。虽然《营造法原》确实流传入闽，对福建地区的传统民居有着重要影响，但并不能通篇照搬，还需要结合实际案例。

对于《营造法原》中房屋屋架的条例作如下说明：

1.以三开间房屋为例，将正厅横剖面方向的屋架称为贴，正厅所处明间的两榀屋架称正贴，次间与山墙面毗邻的屋架称边贴。正贴位于明间两侧，边贴位于次间靠山墙一侧。正贴为抬梁式构造，大梁为五架梁，脊柱不落地（称"脊童"）而由山界梁支撑。边贴脊柱从正贴的不落地短柱变成通顶的落地柱，可以认为是穿斗结构。这种做法称为穿斗抬梁混合结构，一方面在明间（正厅）用抬梁结构减少落柱，增大空间，另一方面在次间用穿斗式，节省用料（图4-3）。

2.根据房屋规模大小和使用性质的不同，将房屋分为平房、厅堂和殿庭等三种类型。普通民居的正厅主要为平房和厅堂构造，殿庭用于官衙寺庙。①平房的构造较为简单，界深通常为四到六界，一般用于普通人家。相邻两桁的水平距离称为界，界的宽度称为界深。根据房屋界深的不同将平房的大木构架分为4类。②厅堂相较于平房，檐口更高，进深更深，四

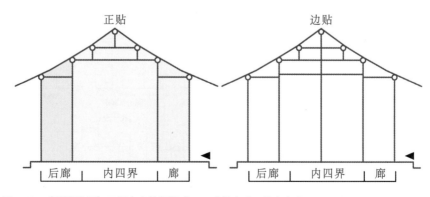

图4-3　《营造法原》正厅大木构架组成　　资料来源：作者自绘

界前均设有轩，大木构架的规模更大，结构更复杂。厅堂依据其正贴的贴式构造不同，可以分为扁作厅、圆堂、贡式厅、回顶、卷棚、鸳鸯厅、花篮厅、满轩等 8 种类型。③若正厅房屋做至二层，则称为楼房和楼厅，与平房和厅堂一一对应。其中，楼厅根据前轩的所处位置和贴式的不同，分楼下轩、骑廊轩和副檐轩 3 种（图 4-4）。

结合闽东地区的实际案例发现主要存在以下区别。

1. 首先，《营造法原》中，正贴脊柱作童柱并不落地，为抬梁式构造。边贴脊柱落地，多为抬梁式构造。这种穿斗抬梁混合的做法与实际案例大相径庭，福建闽东地区大部分民居正厅的每一排（榀）木构架都是脊柱落地，其正贴和边贴的做法基本相同（有时候为了节省材料或者获得更多使用空间，边贴的屋架会在正贴的基础上简化）。因此，《营造法原》中提出的"正贴"和"边贴"并不能直接用于福建地区。

2. 《营造法原》中，平房正厅以大木构架的界深为分类依据，有六界屋架、七界屋架、八界屋架等。正厅可以看成是由"前廊 + 内四界 + 后廊"这样的三段组成。前廊为一界深，前后步柱之间称内四界，后廊根据步数（界

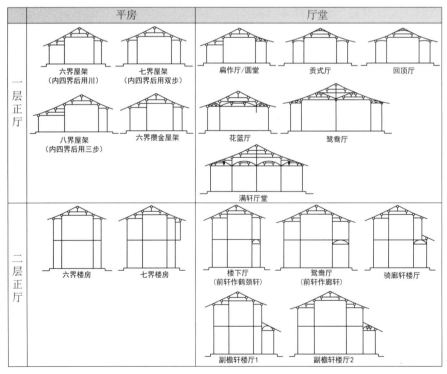

图 4-4 《营造法原》正厅大木构架的类型简图　资料来源：作者自绘

深）分为单步后廊、双步后廊和三步后廊。厅堂以不同的轩梁做法为分类依据。在闽东地区的实际案例中，平房正厅的界深往往大于八界，甚至很多平房正厅和厅堂正厅在界深上一样。因此，并不能简单地套用《营造法原》中的分类方法，将闽东地区的平房和厅堂分开考虑，而应该将它们合在一起讨论。

（二）《鲁班经》中对于正厅大木构架的研究

《鲁班经》是流传于中国古代南方的一部建筑营造典籍，对我国古代南方民居建筑的营造具有深远影响。《鲁班经》最早成于明代，成书具体日期已不可考，最主要记录江南一带做法，流行于苏浙闽广一带。《鲁般营造正式》全称为《新编鲁般营造正式》天一阁藏本，一般被认为是《鲁班经》的前身之一。除此之外，《鲁班经》更有30多种不同的版本（包括善本、影印本等）。本书以《鲁般营造正式》为基础，阅读并结合参考了其他主要版本的《鲁班经》和现代学者的增补校订成果。《鲁班经》的所有现存残本中，带有图文明确记录的屋架类型有8种，如图4-5所示。

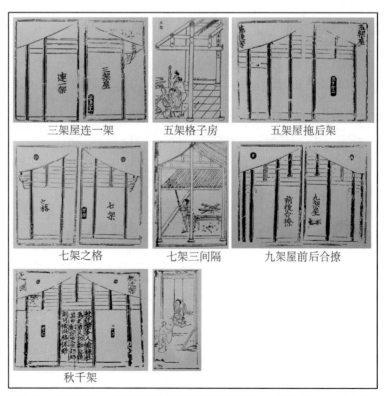

图 4-5　《鲁班经》中有明确图文记载的房屋屋架形式　　资料来源：作者自摄

陈耀东通过对各版本《鲁班经》现存残本的增补和校对，极为概念地将民居的大木构架分为 14 类。[1]正三、五、七、九架为最基本的屋架类型（图 4-6），根据实际需要可以后拖一架或两架。正三架是所有基本屋架中最简单的屋架，可以看成是民居屋架的基本原型，但受限于尺寸，三架和五架多用于门厅和厢房。七架、九架、十一架更多地使用在正厅上。其中，正七架、正九架、正十一架等正架以中柱为中心前后对称。正架都可以通过增加后廊步数的方法后拖一架或两架。除此之外，正七架通过落柱的不同也有七架之格、秋千架、七架三间隔三种衍生形式。九架前后合撩[2]即正十一架，这是《鲁班经》中出现的架数最大的屋架。

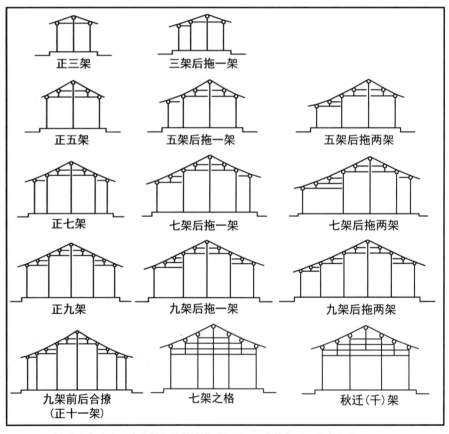

图 4-6 《鲁班经》中房屋大木构架的做法类型简图 资料来源：作者自绘

---

1 图 4-6 中的 14 类房屋大木构架中，仅有三架后拖一架、正五架、五架后拖二架、正七架、正九架、正十一架、七架之格和秋千架为《鲁班经》现存残本中的原型，其余屋架为陈耀东通过研究考察后，依照《鲁班经》的做法和尺度规律增补的。

2 "撩"字在《鲁班经》中为双人旁，下同。

《鲁班经》中的屋架同样由"廊+厅+轩"（或"步口+厅+后轩"）三部分组成（图4-7）。"廊"和"步口"就是前廊，"轩"和"后轩"就是后廊，它们与《营造法原》相对应。"厅"的部分由前后孔、前后半斗孔组成。以脊柱为中心，厅的两侧壁的称谓不同。两根柱子之间如果立有童柱，称为孔，

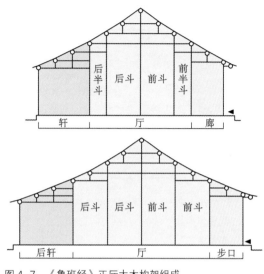

图4-7 《鲁班经》正厅大木构架组成
资料来源：作者自绘

若无童柱，则称为半孔。大小不同的厅，孔的数量不同。对比《营造法原》可以发现，《营造法原》中的"内四界"部分仅表示了脊柱与前后步柱之间的前孔和后孔部分。虽然"内四界"只是"厅"中的一部分，但最能体现出屋架梁柱之间的做法，可以用作闽东地区的正厅大木构架的辨析方法之一，在进行正厅大木构架的分类时仍要以"厅"的整体做法特征为主。

实际调研中，《鲁班经》中完全一致的正厅大木构架形制较少，这可能是由于工匠在建造房屋时受到当地地理气候、经济水平、民俗信仰、社会治安、士绅阶层等不同条件的限制，而进行了不同的改进。对比《营造法原》，可以认为《鲁班经》中的屋架类型更贴近闽东地区的实际状况，以这14种屋架类型作为正厅大木构架类型研究的基本依据，可以更清楚地把握不同屋架之间的演变和发展路径。

（三）闽东地区传统民居不同结构件的称谓

即使在闽东地区，不同区域构件都有不同的称谓，这些称谓大多基于地方方言和工匠流派而产生，与《鲁班经》等古籍也有不小的区别（图4-8，表4-1）。

表4-1中对比了包括福州、福安、福鼎、霞浦和尤溪等地区对于大木构架中不同空间、不同构件的称呼，这些叫法大多与当地方言息息相关。

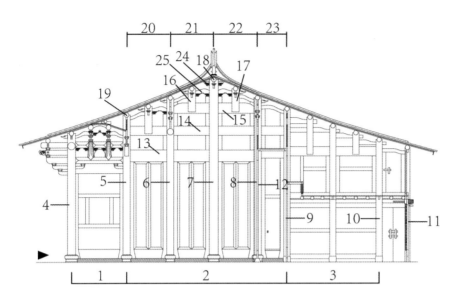

图 4-8 庄寨正厅大木构架构件名称编号索引图   资料来源：作者自绘

表 4-1　闽东不同地区大木构架构件的名称对比

编号	《鲁班经》	福州	宁德福安	福鼎	霞浦	尤溪	本研究
1	步口	—	前廊	屏各厅	廊	—	前廊
2	厅	—	前厅	厅	前厅	—	厅
3	后轩	—	—	—	—	—	后廊
4	前步柱	前门柱	廊柱	廊柱	前廊柱	前尾角柱	前门柱
5	前仲柱	前小充	—	—	—	前正角柱	前小充
6	—	前大充	—	—	—	小中柱	前大充
7	栋柱	堂柱	—	—	—	中柱	堂柱
8	—	后大充	—	—	—	小中柱	后大充
9	后仲柱	后小充	—	—	—	后正角柱	后小充
10	后步柱	后门柱	—	—	后廊柱	后尾角柱	后门柱
11	—	后水柱	—	—	—	—	后水柱
12	—	厅屏	中神壁	—	中庭	太师壁	太师壁
13	—	一行心	一行	—	—	厅头由	一行
14	—	二行心	二行	—	—	厅头二由	二行
15	—	三行心	三行	—	—	—	三行
16	—	前副柱	—	—	—	短柱	前副柱
17	—	后副柱	—	—	—	短柱	后副柱
18	—	—	祖宗脊	中桁	—	中心脊	脊檩

续　表

编号	《鲁班经》	福州	宁德福安	福鼎	霞浦	尤溪	本研究
19	—	—	檩	桁	—	檩	檩
20	前孔	全缝	—	—	—	—	全缝
21	前孔	全缝	—	—	—	—	全缝
22	后孔	全缝	—	—	—	—	全缝
23	后半孔	半缝	—	—	—	—	半缝
24	脊束	脊烛	—	—	—	—	脊烛
25	—	蝴蝶四	—	—	—	—	蝴蝶四

对照图表，说明如下：

1. 1 ~ 3 是正厅的三个组成空间，《鲁班经》以步口、厅和后轩命名。本研究统一称前廊、厅和后廊。

2. 4 ~ 11 是落地柱的命名。《鲁班经》分步柱、仲柱和栋柱。福州地区为前（后）门柱、前（后）小充柱、前（后）大充柱、堂柱。三明尤溪地区为前（后）尾角柱、前（后）正角柱、前（后）小中柱、前（后）中柱。11 为后水柱[1]，一些正厅带有悬于后门柱之外的廊，廊装有"水柱"，水柱不落地，底部倒悬莲花柱头，也有落地的，称后水柱（或廊柱），但是不会计入"五柱"或"七柱"的屋架中。

3. 12 是分隔正厅空间的组件，福州地区称为"厅屏"，福安地区称为"中神壁"，尤溪地区称为"太师壁"。厅屏将正厅分成前后厅，前厅是主要活动和仪式的场所，屏门前会摆放供桌和座椅，屏上挂祖宗照片。后厅空间较小。厅屏设有屏门，平常不打开，出入时从屏门两侧小门进出，屏门只有在一些重要的仪式时才会打开。

4. 13 ~ 15 是横向的穿木，也称穿梁、穿枋。穿梁是穿斗式民居的重要构件之一，柱与柱之间一般使用三根穿梁穿接在一起。福州地区的穿梁称"行心"，从上往下，依次称为"三行心""二行心"和"一行心"。

5. 16 ~ 17 为短柱。短柱就是指不落地的柱。《营造法原》中称为"童柱"，与福建泉州地区的"瓜童"的叫法比较相似。福州地区称为副柱。副柱根

---

1 后水柱在闽东地区被广泛使用，判断后水柱需要结合建筑平面：若平面上最后一排柱，无墙面围合并且在后厅之外形成一条通廊，则该柱为后水柱。有部分民居的后厅做二层或三层，常在后门柱之后挑出一个二层的通廊，若通廊的廊柱落地，同样判断为后水柱。

据其所在位置，有前下副柱、前上副柱、后下副柱、后上副柱等具体称谓。

6. 18 ～ 19 为檩条。

7. 20 ～ 23 为厅两侧壁的称谓。《鲁班经》的孔、半空分别对应福州地区的全缝、半缝。全缝是指在两根落地柱之间有一根副柱，半缝是指两根落地柱之间没有副柱，直接以穿梁相连。

8. 24 ～ 25 是柱子之间使用的扁弧形构件。福州地区称为"烛"烛的称谓根据其所穿的柱的位置而定，有脊烛（如构件 24）、步烛、上步烛、下步烛、门烛等。构件 25 称为蝴蝶四，蝴蝶四也是烛的一种，特指脊柱两侧，在三行心之上的穿木。

二、正厅大木构架的组成

（一）正厅的组成

如前述，正厅可以分成前廊、厅和后廊三部分。研究正厅大木构架的类型，可以先分别研究每一个组成部分的类型，再整体考虑整个正厅大木构架的类型。前廊位于前门柱和前小充柱（前充柱）之间。厅位于前小充柱（前充柱）到后小充柱（后充柱）之间。后廊位于后小充柱（后充柱）到后门柱之间。这里需要特别注意的是厅屏对正厅空间的影响。前面提到，厅屏将正厅空间分为两个部分：前厅和后厅。这里的前厅和后厅指的是空间上的分区，前厅空间包括了前廊的全部和厅的一部分，后厅空间包括了厅的一部分和后廊的全部。厅屏以及正厅前后空间的划分不会影响正厅大木构架，也不会影响正厅组成部分中"厅"和"后廊"的界定（图4-9）。

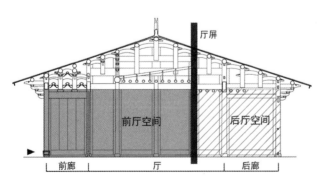

图 4-9 前后正厅空间与结构的区别　　资料来源：作者自绘

（二）前廊

闽东地区传统合院式民居正厅大木构架的类型如图4-10所示。图4-10中横向以进深为依据，分为单步、双步2种；纵向以前廊的做法为依据，分为前廊、轩廊、副檐3种。将横纵依据结合起来，有6种类型的前廊。

1. Ia为单步前廊，这种前廊是最简单的前廊做法，即在前门柱和前充柱之间用穿梁相连。

2. IIa为双步前廊，在Ia单步前廊的基础上，在柱间增加一根副柱，进深由一步变为两步。Ia和IIa都是标准的前廊，可以看成是前廊的基本型。

3. IIb为双步前轩廊。轩廊是在前廊的基础上增加轩而成。轩的结构是在厅堂的屋顶下，再增加一宗顶棚造型，起到美化的作用。带轩的前廊也称为"廊轩"。轩的做法多样，但其本质是一种前廊的装饰，是在IIa双步前廊的基础上增加的一种装饰，因此其进深计为双步。

3. IId称为副檐，有两种做法。一是骑廊（骑廊轩），一般用于二层正厅，是副檐正厅的一种做法。做法是将原本通顶的前门柱拆分为上下两段，上柱退后，加于穿梁或轩之上。骑廊进深计为双步。二是副檐廊（副檐轩），一般用于二层正厅，是另一种副檐正厅的做法。副檐廊即在正厅前门柱前

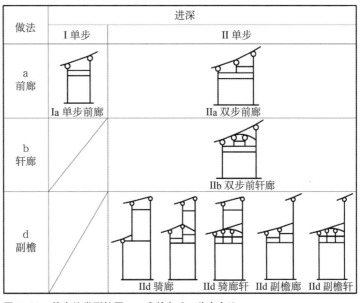

图4-10　前廊的类型简图　　资料来源：作者自绘

再做廊（廊轩），上面带有屋面，与正厅主体相连，形成重檐。副檐廊的进深计为双步。

（三）厅

厅是传统民居的核心，厅的做法很大程度上决定了传统民居正厅大木构架的做法。依据厅的整体形式和做法，将其分为4大类，以 A-D 表示。图 4-11 中横向第一行通常以厅是否带草架划分。在实际考察中发现，草架与轩一样，都是正厅的一种特殊做法。草架型厅的做法灵活多变，但其基本原理是在类型 A-D 的基础上额外增加草架而来，厅的基本类型不会因为草架而发生改变。为了加以区分，在类型后加单引号来区别，如 A′、B′、C′。

1. 类型 A 为标准型厅。其中以 A1 作为基本型，该厅进深 4 步，前充柱、堂柱和后充柱 3 柱落地，短柱为前副柱、后副柱两柱。这一做法是所有厅中最简单的，因此称为基本型。在 A1 基本型的前后增加全缝和半缝，形成 A2、A3，A2 称"基本型带双全缝"，此时，原本的充柱称大充柱，新增的两根落地柱称小充柱，原本栋柱两侧的副柱称上副柱，新增的大小充柱之间的副柱称下副柱。该做法落地 5 柱，进深 8 步。A3 称"基本型带双半缝"，其做法与 A2 类似，落地 5 柱，进深 6 步。A1、A2、A3 以堂柱为中轴前后对称。A4 在 A1 基本型的前面增加一个全缝，在后面增加一个半缝，称"基本型带单全缝单半缝"，落地 5 柱，进深 7 步。A5、A6 则是 A2、A3 的不完整体，保留前小充柱，取消后小充柱，称"基本型带单全缝""基本型带单半缝"。该做法落地 4 柱，A5 进深 6 步，A6 进深 5 步。A7 和 A8 是比较特殊的做法，其样本数量多为特殊个例。A7 称"基本型带三全缝"，在 A2 前或后侧，再额外增加一个全缝，厅落地 6 柱，进深 10 步。A8 称"基本型带双全缝单半缝"，在 A2 前或后侧，额外增加一个半缝，厅落地 6 柱，进深 9 步。

A1′、A2′、A3′、A5′、A6′、A7′、A8′、A9′ 是相应的带草架的厅。可以发现，这些草架的设置可以分为单坡草架和双坡草架。在草架内脊檩的设置，多为前大充柱和堂柱。A1′ 为带草架基本型厅，落地 5 柱，进深 4 步，为单坡草架。草架的脊檩位于前大充柱。A2′ 为带草架基本型带双全缝，样本中的两种做法简图都为双坡草架，落地 5 柱，进深 8 步。A3′ 为带草

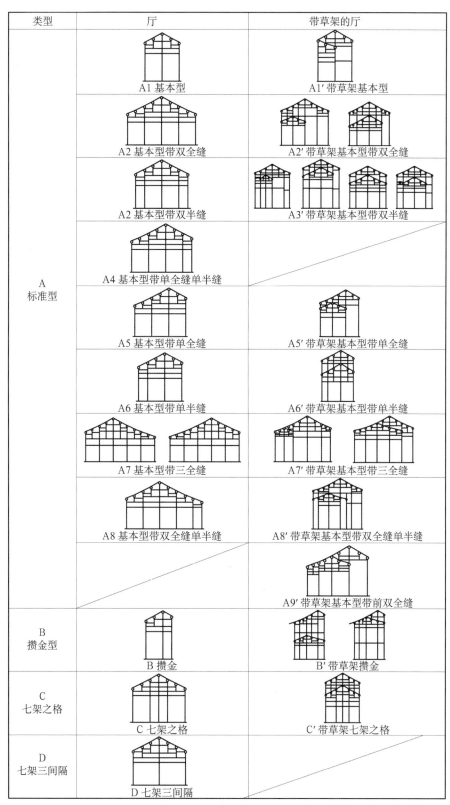

图 4-11 厅的类型简图 资料来源：作者自绘

架基本型带双半缝，这种做法的草架样式最多，基本可以分为 2 类。第一种做法，草架相对较小，草架脊檩位于前副柱，因此前副柱由短柱落地称为落地柱，使得整个厅落 6 柱，进深 6 步。

《营造法原》第二章所述做法中草架的脊檩与正厅整体大木构架的脊檩都位于堂柱，落地 5 柱，进深 6 步。A4 型厅没有相对应的草架厅。A5′为带草架基本型带单全缝，草架脊柱位于前大充柱，厅落地 4 柱，进深 6 步。A6′ 为带草架基本型带单半缝，草架的脊檩与正厅整体大木构架的脊檩都位于堂柱，厅落地 4 柱，进深 5 步。A7′ 为带草架基本型带三全缝，样本种为单坡草架，厅落地 6 柱，进深 10 步。第一种做法以厅的前侧两个全缝内做一 4 步草架，另一种做法单坡草架的脊檩位于前大充柱上。A8′ 为带草架基本型带双全缝单半缝，这种做法多出现在福安地区，是一种特殊的做法。双坡草架以前大充柱为中心前后堆成，因此在厅前侧多加一个半缝。此外，后副柱因为草架而落地称为通顶的落地柱，这种做法出于结构稳定性上的考量，需要与攒金式做法区分。厅落地 7 柱，进深 9 步。A9′ 也是一种特殊的做法，这种做法并没有不带草架的对应类型的厅。同样带双全缝，A2 的两个全缝一前一后，而 A9′ 的两个全缝都在厅的前侧。草架为单坡草架，草架的脊檩位于前大充柱上，厅落地 5 柱，进深 8 步。

2. 类型 B 称为攒金型，其原型来自《营造法原》。将后副柱落地称为金柱，则称金柱为攒金，厅落地 3 柱，进深 3 步。B′ 为带草架攒金型，有单坡和双坡草架，草架的脊檩都位于前大充柱上。

3. 类型 C 是《鲁班经》中的原型。类型 C 为七架之格，厅有七架，落地 5 柱，进深 6 步，以堂柱为中轴前后对称。C′ 是带草架七架之格厅，草架为双坡草架，草架的脊檩与正厅整体大木构架的脊檩都位于堂柱。

4. 类型 D 为七架三间隔，也是《鲁班经》中的原型，厅落地 3 柱，进深 6 步，以堂柱为中轴前后对称，堂柱和充柱之间增加两根副柱。

（四）后廊

后廊的做法与前廊相似，因此可以在前廊类型的基础上加以完善，为了区别前廊后廊，后廊用 I′、II′、III′（加单引号）表示。闽东地区传统合院式民居正厅大木构架的后廊部分有 11 种类型，如图 4-12 所示。

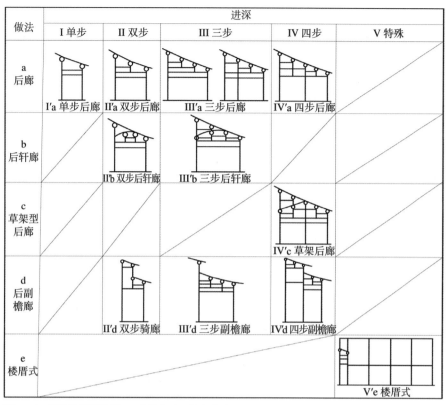

图 4-12　后廊的类型简图　资料来源：作者自绘

1. a 类后廊，也是普通的后廊做法。按照进深可以分单步后廊、双步后廊、三步后廊、四部后廊和特殊后廊。**I′a** 是后廊的基本型，与前廊中的单步前廊对应，后充柱与后门柱之间用穿梁相连，进深 1 步。**II′a** 是双步后廊，在 **I′a** 的基础上，在两柱之间增加一根短柱，短柱称为"后步"，进深 2 步。**III′a** 是三步后廊，在两柱之间增加两根短柱，分别称为"后上步"和"后下步"，进深 3 步。**I′a**、**II′a**、**III′a** 是《鲁班经》和《营造法原》中标准后廊类型，其他的后廊都是在其基础上演化而来的。另外 **III′a** 在部分样本中，会使后上步称为落地柱。在实际的调研中，其后廊的做法有时也并非完全按照原型的样式，会在不改变步数的情况下根据正厅的实际情况微调。**IV′a** 是四步后廊，通常是由两个双步后廊组合而成，进深 4 步。

2. b 类后廊称后轩廊，对应前廊类型的前轩廊。**II′b** 称双步后轩廊，**III′b** 称三步后轩廊。与前轩廊不同的是，前轩廊 **IIb** 是从双步前廊而来，后轩廊可以从双步后廊，也可以从三步后廊演变而来——这取决于轩廊内的构造，但其本质都是后廊的装饰。

3. c类后廊为带草架型后廊。IV'c（草架型后廊）是在IV'a（四步后廊）的基础上，增加一单坡草架而来。草架是后廊空间的一种装饰方法，与IV'a（四步后廊）一样进深4步。

4. d类为后副檐廊。与前廊一样可以分为骑檐后廊和后副檐廊两种。骑檐后廊为II'd双步骑廊，和前廊中骑廊的做法一样，骑檐后廊将后门柱分为上下两段，上段后门柱移至后小充柱和下端后门柱中间，进深计2步。III'd和IV'd为后副檐廊。副檐廊在计算进深的时候不仅要考虑后副檐廊的进深，同时也要考虑主体建筑后廊的进深，因此III'd为三步副檐廊，进深3步，IV'd为四部副檐廊，进深4步。

5. e类为楼厝式。楼厝式，又称横楼假正厝，这种做法仅出现在闽侯白沙。所谓"横楼假正厝"，即正厅与后厝屋脊方向相反，通过后廊相连（图4-13）。

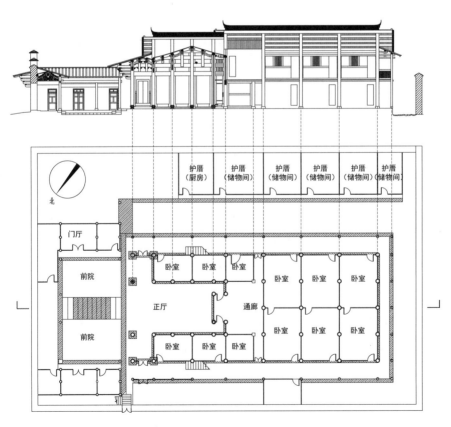

图4-13　楼厝式民居（闽侯白沙林柄村28号）正厅平面与横剖面图　　资料来源：作者自绘

三、正厅大木构架的分类与类型

（一）分类方法

通过对闽东地区合院式传统民居的实地考察后发现，《鲁班经》可以在一定程度上为正厅大木构架的研究指出方向，但闽东地区民居正厅大木构架的发展超出了《鲁班经》所描述的内容，需要在此基础上提出一个新的分类方法。通过对闽东地区案例样本传统合院式民居的考察，基于对《鲁班经》的研究和对正厅各组成类型的研究，可以得出以下几点：

1. 正厅的类型可以看成是正厅各个部分（前廊、厅、后廊）的组合，任何完整的正厅都是由"前廊＋厅＋后廊"组成。《鲁班经》中的 14 种屋架同样如此，正九架可以看成"双步前廊＋基本型厅＋双步后廊"（IIa+A1+II′a），正十一架可以看成"单步前廊＋基本型厅带双全缝＋单步后廊"（Ia+A2+I′a），以此类推。

2. 厅的草架，只会影响到厅的空间（详见《营造法原》第三章），并不会影响到厅的整体做法，因此，A1 和 A1′ 和可以看成是同一种类型的厅，以此类推。

3. 对于正厅的分类不能仅仅依靠前后廊和厅的类型，也同时应该考虑正厅的进深（如《鲁班经》中以架数命名不同的厅：七架、九架等）。因此在对正厅分类时，前廊和后廊根据其进深为分类依据，而不考虑其做法。这样前廊就有 I（包括 Ia 单步前廊）、II（包括 IIa 双步前廊、IIb 双步前轩廊、IId 副檐廊）2 种类型，后廊有 I（包括 I′a 单步后廊）、II（包括 II′a 双步后廊、II′b 双步后轩廊、II′d 双步骑廊）、III（包括 III′a 三步后廊、III′b 三步后轩廊、III′d 三步副檐廊）、IV（包括 IV′a 四步后廊、IV′c 草架后廊、IV′d 四步副檐廊）、V（包括 V′e 楼厝式）五种类型。这样既简化了类型，又排除轩、草架等装饰构件对正厅整体大木构架的形制类型的影响。

4. 前面将厅分成 A-D 四种类型，厅的类型基本决定了正厅的类型。即使在相同村落或区域内，民居的正厅会根据房屋的宅基地大小、建筑取材等不同而发生变化。前廊在前门柱和前小充柱之间，只有一步前廊和双步前廊两种。而后廊的变化相对较大，落地柱的数量也会因结构和实际要求而增减。因此，对闽东地区传统合院式民居正厅大木构架的分类，以厅和后廊为主要分类条件，前廊为次要分类条件。

（二）正厅的分类

结合上述分类方法，将现有的 167 栋闽东地区合院式民居的正厅大木构架进行分类，如图 4-14 所示（见书后插页）。横向代表后廊的类型，后廊根据进深分 I′、II′、III′、IV′、V′ 五类。纵向有两列，第一列是厅的类型，按照 A-D 分为四类，其中类型 A 细分至 A1-A9 五个子类。纵向第二列是前廊的类型，按照进深分 I、II 两类，其中大部分以 II 双步前廊为主。图表中的每一格都代表一种正厅大木构架的类型，选取典型样本测绘图予以展示。

（三）正厅类型

从以上的分类图中得到，现有样本的正厅大木构架可以分成 30 种不同的类型。在分类时，前廊和后廊都以其进深为分类依据，而非其做法。因此，对每一种类型的正行进行细化，并作正厅大木构架的横剖面简图，如图 4-15 所示。

按照从左至右，从上至下的顺序，现对各大木构架类型进行讨论：

1. II+A1+II′ 型：正厅大木构架命名为"五柱正九架"，如图 4-15（1）所示。正厅落地 5 柱，从前往后为前门柱、前充柱、堂柱、后充柱、后门柱。正厅进深 8 步。前廊、后廊均为双步前廊，前廊有 IIa 双步前廊（如①）和 IIb 双步轩廊（如②）两种形式，可以分别称为"五柱正九架""五柱正九架厅带前轩"。此做法同《鲁班经》中的正九架屋架。图中的③为正厅带草架，同样落地五柱，进深 8 步，可称为"五柱正九架带草架厅"。本类型在样本中共有 13 栋。

2. II+A1+III′ 型：正厅大木构架命名为"五柱九架后拖一架"，如图 4-15（2）所示。与 II+A1+II′ 相似，区别在于在后廊部分增加一步，称为三步后廊。正厅落地 5 柱，进深 9 步。图中①和②的区别在于前廊是否带轩，分别称为"五柱九架后拖一架""五柱九架后拖一架带前轩"。图中③与厅内增设单坡草架，表示为 IIa+A1′+II′a，称为"五柱九架后拖一架带草架厅"。本类型在样本中共有 11 栋。

3. II+A1+IV′ 型：正厅大木构架命名为"六柱九架后拖二架"，如图

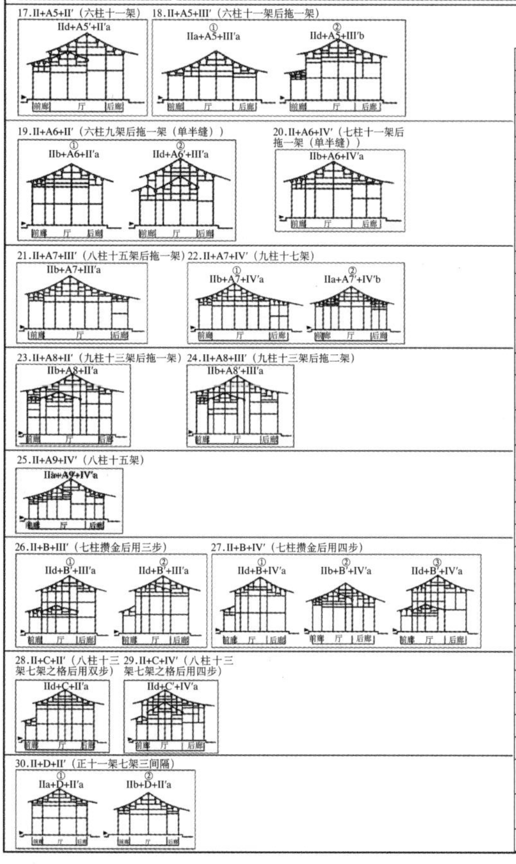

图 4-15　闽东地区传统合院式民居正厅大木构架结构类型　　资料来源：作者自绘

闽东地区传统合院式民居正厅大木构架结构简图

闽东地区传统合院式民居正厅大木类型统计表

编号	类型	命名	主要分布	样本数
1	II+A1+II′	五柱正九架	福州、永泰	13
2	II+A1+III′	五柱正九架后拖一架	福州	11
3	II+A1+IV′	六柱九架后拖二架	寿宁	1
4	I+A2+I′	七柱正十一架（双全缝）	永泰	1
5	II+A2+II′	七柱正十三架（双全缝）	福州、长乐、福鼎	6
6	II+A2+III′	七柱十三架后拖一架（双全缝）	福州、永泰、长乐、屏南、闽侯	30
7	II+A2+IV′	八柱十三架后拖二架（双全缝）	永泰、闽清	8
8	I+A3+I′	七柱正九架	屏南	1
9	I+A3+III′	七柱九架后拖二架	永泰	1
10	II+A3+II′	七柱正十一架（双半缝）	福州、尤溪、屏南	15
11	II+A3+III′	七柱十一架后拖一架（双半缝）	福州、福安、永泰、屏南	18
12	II+A3+IV′	十一架后拖二架（双半缝）	福安、福鼎、寿宁	5
13	II+A4+II′	七柱十一架后拖一架全缝单半缝）	福州、永泰	2
14	II+A4+III′	七柱十一架后拖二架（单全缝单半缝）	福州、长乐	7
15	II+A4+IV′	七柱十三架后拖一架（单全缝单半缝）	永泰	5
16	II+A4+X′	楼厝式	闽侯	2
17	II+A5+II′	六柱十一架	霞浦	1
18	II+A5+III′	六柱十一架后拖一架	屏南、福清	2
19	II+A6+II′	六柱九架后拖一架（单半缝）	福安、福鼎、屏南	3
20	II+A6+IV′	七柱十一架后拖一架（单半缝）	福安	1
21	II+A7+II′	八柱十五架后拖一架		
22	II+A7+IV′	九柱十七架	连江、永泰	3
23	II+A8+II′	九柱十三架后拖一架	福安	14
24	II+A8+III′	九柱十三架后拖二架	福安	1
25	II+A9+IV′	八柱十五架	连江、永泰	2
26	II+B+III′	七柱攒金后用三步	尤溪	1
27	II+B+IV′	七柱攒金后用四步	尤溪、霞浦	7
28	II+C+II′	八柱十三架七架之格后用双步	尤溪	1
29	II+C+IV′	八柱十三架七架之格后用四步	福鼎	1
30	II+D+II′	正十一架七架三间隔	周宁、永泰	2

4-15（3）所示。后廊采用四步后廊，由于四步后廊中间增加一根落地柱，整个正厅的落柱变成6根，从前往后依次称为前门柱、前充柱、堂柱、后充柱、后步柱、后门柱。这种大木构架形制的正厅都带单坡草架，记作**IIa+A1′+IV′a**，称为"六柱九架后拖二架带草架厅"。本类型在样本中仅1栋。

4. **I+A2+I′型**：正厅大木构架命名为"七柱正十一架（双全缝）"，如图4-15（4）所示。正厅进深10步，落柱7根，从前往后依次为前门柱、前小充柱、前大充柱、堂柱、后大充柱、后小充柱、后门柱。这种做法与《鲁班经》中的正十一架完全一致。本类型在样本中仅1栋。

5. **II+A2+II′型**：正厅大木构架命名为"七柱正十三架（双全缝）"，如图4-15（5）所示。前后廊均为双步，厅为基本型带双缝。正厅进深12步，落地柱7根，短柱6根，短柱从前到后依次称为前步副柱、前下副柱、前上副柱、后上副柱、后下副柱、后步副柱。本类型在样本中有6栋。

6. **II+A2+III′型**：正厅大木构架命名为"七柱十三架后拖一架（双全缝）"，如图4-15（6）所示。图中①②分别称为"七柱十三架后拖一架（双全缝）带前轩""七柱十三架后拖一架（双全缝）带前后轩"，区别在于前后廊是否带轩。图中③用于二层正厅，将前后廊做成副檐廊，称"七柱十三架后拖一架（双全缝）前后副檐廊"。图中④称为"七柱十三架后拖一架（双全缝）带前副檐廊"。在③的基础上，于厅内作双坡草架，见图⑤，由于图⑤中的三步后骑廊，使得正厅落柱8根，称为"八柱十三架后拖一架（双全缝）前后副檐廊带草架厅"。本类型在样本中数量较多，共有30栋。

7. **II+A2+IV′型**：正厅大木构架命名为"八柱十三架后拖二架（双全缝）"，如图4-15（7）所示。后廊为草架后廊，因此也可称为"八柱十三架后拖二架（双全缝）带草架后廊"。本类型在样本中共有8栋。

8. **I+A3+I′型**：正厅大木构架命名为"七柱正九架"，如图4-15（8）所示。对比**II+A1+II′**（五柱正九架），主要区别在于落柱。**I+A3+I′**虽然同为正九架，但是与《鲁班经》中的版本有一定区别。其落地柱从前往后依次称为：前门柱、前小充柱、前大充柱、堂柱、后大充柱、后小充柱、后门柱。本类型在样本中仅有1栋。

9. **I+A3+III′型**：正厅大木构架命名为"七柱九架后拖二架"，如图4-15

（9）所示。本类型在样本中仅有 1 栋。

10. II+A3+II′ 型：正厅大木构架命名为"七柱正十一架（双半缝）"，如图 4-15（10）所示。与 I+A2+I′［七柱正十一架（双全缝）］同为七柱正十一架。其区别在于，II+A3+II′ 的厅为前后双半缝，前后廊均为两步廊；I+A2+I′ 的厅为前后双全缝，前后廊均为单步廊。图中①②③的区别在于前后廊的做法，①的前后廊均为标准双步廊，称为"七柱正十一架（双半缝）"；②的前廊为轩廊，称为"七柱正十一架（双半缝）带前轩"；③的前后廊均为轩廊，称为"七柱正十一架（双半缝）带前后轩廊"。

此外，图中④⑤⑥都是带草架的 A3 型厅，④的草架最小，⑤⑥的草架都位于正厅屋架正下方，区别仅在于前后廊的做法。本类型在样本中共有 15 栋。

11. II+A3+III′ 型：正厅大木构架命名为"七柱十一架后拖一架（双半缝）"，如图 4-15（11）所示。前廊和厅与 II+A3+II′［七柱正十一架（双半缝）］一样，后廊增加一步称为三步后廊。图中①②③根据前后廊的做法可以分别称为"七柱十一架后拖一架（双半缝）""七柱十一架后拖一架（双半缝）带前轩廊""七柱十一架后拖一架（双半缝）带前后轩廊"。本类型在样本中共有 18 栋。

12. III+A3+IV′ 型：正厅大木构架命名为"十一架后拖二架（双半缝）"，如图 4-15（12）所示。正厅的落柱数根据后廊的做法而不同，如图中①为七柱，②③④为八柱。本类型在样本中共有 5 栋。

13. II+A4+II′ 型：正厅大木构架命名为"七柱十一架后拖一架（单全缝单半缝）"，如图 4-15（13）所示。对比 II+A3+III′［七柱十一架后拖一架（双半缝）］，同为七柱十一架后拖一架，区别在于：II+A4+II′ 的厅不对称，前后廊均为双步廊；II+A3+III 的厅为 A3 型，前后对称（都是半缝），前廊为双步前廊，后廊为三步后廊。本类型在样本中仅有 2 栋。

14. II+A4+III′ 型：正厅大木构架命名为"七柱十一架后拖二架（单全缝单半缝）"，如图 4-15（14）所示。图中①前后廊均为标准二步廊，②的后廊为三步后轩廊，③的前廊为双步轩廊。本类型在样本中共有 7 栋。

15. II+A4+IV′ 型：正厅大木构架命名为"七柱十三架后拖一架（单全缝单半缝）"，如图 4-15（15）所示。II+A4+IV′ 与 II+A2+III′［七柱十三架后拖一架（双全缝）〕同为七柱十三架后拖一架，区别在于：
Ⅱ+A4+Ⅳ 的厅进深 7 步，后廊进深 4 步；Ⅱ+A2+Ⅲ′ 的厅进深 8 步，后廊
进深 3 步。两种形制正厅的进深均为 13 步，即十三架后拖一架。本类型
在样本中共有 5 栋。

16. Ⅱ+A4+X′ 型：厅为楼厝式，如图 4-15（16）所示。本类型在样本
中仅有 2 栋，位于福州闽侯县白沙村。

17. Ⅱ+A5+Ⅱ′ 型：正厅大木构架命名为"六柱十一架"，如图 4-15（17）
所示。该类型大木构架仅有图中一种简图，Ⅱd+A5′+Ⅱ′a，因此也可以具体
描述为"六柱十一架前副檐廊带草架厅"。这是一种十分特殊的厅，可以
看成是由一个正九架的主体构架与一个 Ⅱd 双步前副檐廊组合而成，因此
称为十一架厅。本类型在样本中仅有 1 栋，位于霞浦八堡村。

18. Ⅱ+A5+Ⅲ′ 型：正厅大木构架命名为"六柱十一架后拖一架"，如
图 4-15（18）所示。与（17）中的 Ⅱ+A5+Ⅱ′ 同样是十分特殊的形制：通
常正厅的设计会按照"前浅后深"的原则，但这两种类型的正厅大木构架
恰恰相反。本类型在样本中仅有 2 栋。

19. Ⅱ+A6+Ⅱ′ 型：正厅大木构架命名为"六柱九架后拖一架（单半缝）"，
如图 4-15（19）所示。这种大木构架的正厅都为 2 层。图中①前廊为轩廊，
可描述为"六柱九架后拖一架（单半缝）带前轩"，②的前廊为前骑檐，
厅内做双坡草架，草架与前骑檐形成连续的草架。本类型在样本中仅有 3 栋。

20. Ⅱ+A6+Ⅳ 型：正厅大木构架命名为"七柱十一架后拖一架（单半
缝）"，如图 4-15（20）所示。Ⅱ+A6+Ⅳ 与（11）中的 Ⅱ+A3+Ⅲ′〔七
柱十一架后拖一架（双半缝）〕和（13）中的 Ⅱ+A4+Ⅱ〔七柱十一架后拖
一架（单全缝单半缝）〕同为七柱十一架后拖一架。三种类型的根本区别
在于厅的类型和后廊类型的不同。本类型在样本中仅有 2 栋。

21. Ⅱ+A7+Ⅲ′ 型正厅大木构架命名为"八柱十五架后拖一架"，如图
4-15（21）所示。本类型在样本中仅有 1 栋。

22. Ⅱ+A7+Ⅳ′ 型：正厅大木构架命名为"九柱十七架"，如图 4-15（22）
所示。除去前面提到的楼厝式，正式样本中所有 A 型（基本型）正厅大木
构架中最大的构架，远大于《鲁班经》中提到的正十一架。本类型在样本
中仅有 3 栋。

23. II+A8+II′型：正厅大木构架命名为"九柱十三架后拖一架"，如图4-15（23）所示。其厅的结构为A8′（带草架基本型双全缝单半缝）。从图中简图可以判断，厅是由A2（基本型）发展而来，在A2的前侧多做一个半缝，这是因为厅内做了草架结构，为了使草架的双坡看起来前后对称，特意增加单半缝。前廊的做法也比较特别，在双步前廊的下面做轩廊，轩廊与厅内草架相连。本类型在样本中共有14栋。

24. II+A8+III′型：正厅大木构架命名为"九柱十三架后拖二架"，如图4-15（24）所示。其做法与（24）中的II+A8+II′基本相似，只是在后廊增加一步进深做成三步后廊。本类型在样本中仅有1栋。

25. II+A9+IV′型：正厅大木构架命名为"八柱十五架"，如图4-15（25）所示。II+A9+IV′的做法与II+A7+IV′（九柱十七架）相似，区别在于II+A7+IV′厅的后侧比II+A9+IV′厅的后侧多做一个全缝。本类型在样本中仅有2栋。

26. II+B+III′型：正厅大木构架命名为"七柱攒金后用三步"，如图4-15（26）所示。"后用三步"指后廊为三步后廊。由于攒金结构的特殊性（后副柱落地且后副柱与后廊相连），因此不用屋架架数来命名其屋面，但其正厅的屋架架数可以计算为十一架后拖一架。本类型在样本中共有3栋。

27. II+B+IV′型：正厅大木构架命名为"七柱攒金后用四步"，如图4-15（27）所示。图中①③的屋架架数为十三架，②的屋架架数计算为十一架后拖一架。本类型在样本中共有7栋。

28. II+C+II′型：正厅大木构架命名为"八柱十三架七架之格后用双步"，如图4-15（28）所示。其大木构架可以看作是正十一架的主体和双步前副檐廊的组合，共十三架。其原型来自《鲁班经》中的七架之格。本类型在样本中仅有1栋。

29. II+C+IV′型：主正厅命名为"八柱十三架七架之格后用四步"，如图4-15（29）所示。图中IId+C′+IV′a，正厅下方做双坡草架，草架的脊檩与屋架整体的脊檩同在堂柱上，前廊为双步骑廊，后廊为四步后廊。本类型在样本中仅有1栋。

30. II+D+II′型：正厅大木构架命名为"正十一架七架三间隔"，由七架三间隔厅和前后双步廊组成，如图4-15（30）所示。七架三间隔的原型来自《鲁班经》，II+D+II′ 由其发展而来。本类型在样本中仅有 2 栋。

（四）正厅大木构架的分布与演变

1. 正厅大木构架类型分布

对正厅大木构架类型按照架数归纳，可得到九架正厅、十一架正厅、十三架正厅、十五架正厅和十七架正厅 5 种类型。这里需要特别说明九架后拖二架和正十一架的区别。一般来说，正架屋架在正厅整体的做法上以堂柱为中轴前后对称。九架后拖二架，在样本中主要有 I+A3+III′ 和 II+A1+IV′。首先可以肯定，虽然二者的大木构架进深都为 11 架，但其形式上前后不对称，因此肯定不能以"正"字命名。其次，I+A3+III′ 可以看成是在 I+A3+II′（七柱正九架）的后廊部分，为了获得更多的后廊空间，将原有的后门柱向后，并在后门柱和后小充柱之间插入两根副柱。这两根副柱置于后门柱与后小充柱之间的穿梁上（穿梁称"三步梁"），可以看成是由后门柱将其"托举"起来，因此在民间用九架后拖二架来称谓，也可叫作九拖二。同样，II+A1+IV′ 是在 II+A1+II′（五柱正九架）的后廊由双步后廊扩展成四步后廊。因此，在对正厅大木构架的架数进行划分时，以其命名中的架数为准（如九架后拖二架，认为是九架正厅）（表 4-2）。

表 4-2　正厅大木构架架数统计表

屋架	地区			
	福州	宁德	尤溪	总计
九架	22	8		30
十一架	24	30	7	61
十三架	41	24	5	70
十五架	4			4
十七架及以上	4			4
总计	95	62	12	169

九架是闽东地区传统合院式民居正厅大木构架的最小形制，共有 30 栋，其中福州 22 栋，宁德 8 栋。九架正厅集中分布在"仓山—福州—连江"一带，这可能是由于地处古代城市，宅基地紧张而限制了更大的屋架。此外，在

永泰、屏南、宁德、霞浦、福安等地区也各有1—2栋九架正厅。

十一架是闽东地区最多的正厅大木构架之一，共有61栋，其中福州24栋，宁德30栋，尤溪7栋。十一架是分布最为广泛的正厅大木构架，在所有地区都有样本。

十三架是闽东地区最多的正厅大木构架，共有70栋，其中福州41栋，宁德24栋，尤溪5栋。在福州地区，十三架屋架主要分布在闽侯和永泰地区，其中永泰地区民居多为庄寨。同时，长乐、福清和连江地区也有十一架正厅。在宁德地区，十三架主要分布在福安和屏南地区。在尤溪地区中，十三架正厅集中出现在桂峰村。

在现有样本中还出现十五架正厅和十七架正厅。这些超大架数的正厅共有8栋，且全部位于福州地区。其中，永泰4栋，民居都属于庄寨，闽侯的2栋为前面提到的横头厝，另有2栋在连江。在现有样本中还出现十五架正厅和十七架正厅。

从地区来看，不同地区的主要屋架形制不同。永泰民居以庄寨为主，因此正厅的屋架较大，区域内十三架正厅数量最多，十一架和十五架正厅次之。闽侯地区正厅同样多为十三架。福州民居以三合院、四合院为主，正厅屋架主要是九架和十一架。福安和屏南地区民居正厅以十三架和十一架为主。寿宁主要是十一架正厅。霞浦有十一架和九架正厅。福鼎和宁德正厅种类多样。

福州地区样本95栋，其中九架正厅22栋，十一架正厅24栋，十三架正厅41栋，十五架及以上正厅8栋。九架正厅和十一架正厅主要集中在福州市区，周边县市以十三架正厅为主。相对而言，福州地区正厅屋架架数更小，而其周边县市的民居正厅屋架架数更大。

宁德地区样本62栋，其中九架正厅8栋，十一架正厅30栋，十三架正厅24栋。其中十三架正厅主要在福安。九架屋和十一架屋在屏南、宁德、霞浦、寿宁等地区均有分布。尤溪地区样本12栋，其中十一架正厅7栋，十三架正厅5栋。

2. 正厅大木构架的演变

结合正厅木构架的步架数，探讨正厅木构架的演变方式（图4-16）。

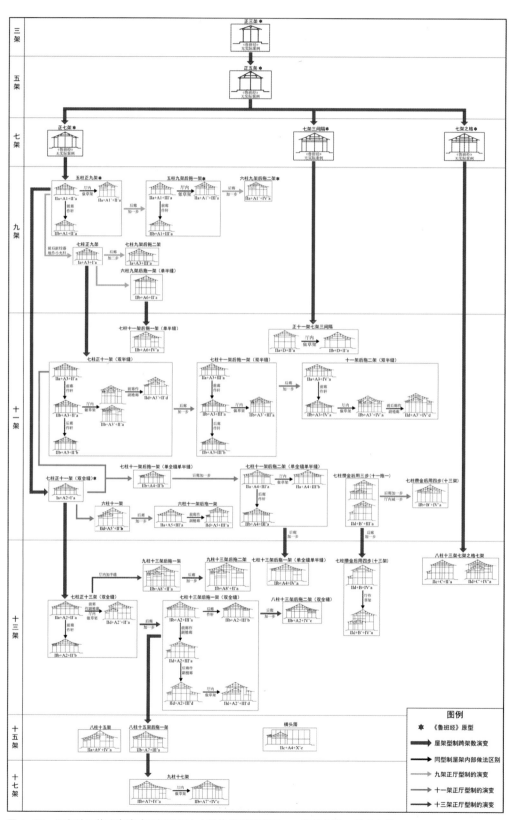

图 4-16　闽东地区传统合院式民间正厅大木结构类型演变图　　资料来源：作者自绘

屋架为单数架，正厅屋架的发展沿着七架、九架、十一架、十三架、十五架、十七架逐级递增。正三架是形制最小的木构架，其进深只有两步。在三架屋的前后柱间各加一根副柱，形成正五架，进深四步。七架屋中，《鲁班经》中有正七架、七架三间隔和七架之格三种形制。在正五架的前后各加一根落地柱，两柱之间用单步梁相接，得到正七架。七架之格和七架三间隔是正七架的另外两种形式。三架和五架由于进深和空间太小，不用于正厅，多用在门厅或者厢房。七架屋是最基本的正厅形制。

在闽东地区的现有样本中，并无七架正厅。因此可以认为，五柱正九架是闽东地区正厅的最小形制。五柱正九架（II+A1+II′）是在正七架的基础上，在门柱和充柱间各加一根副柱形成。五柱正九架（II+A1+II′）可以通过增大后廊进深，变成五柱九架后拖一架（II+A1+III′）和六柱九架后拖二架（II+A1+IV′）。

七柱正九架（I+A3+I′）是正九架的另一种形制，是从五柱正九架（II+A1+II′）发展而来（前后门柱和充柱间的副柱落地）。同样，七柱正九架（I+A3+I′）可以通过增加后廊空间形成七柱九架后拖二架（I+A3+III′）。正九架、正十一架和正十三架正厅，都会通过增加后廊进深而增加正厅的进深和空间。

正十一架也有两种形制。一种为七柱正十一架带双全缝（II+A3+II′），是由七柱正九架（I+A3+I′）前后各加两步进深而来。另一种为七柱正十一架带双半缝（I+A2+I′），由五柱正九架（II+A1+II′）发展而来。七柱正十一架带双半缝（I+A2+I′）又称九架前后合撩，是《鲁班经》中最大的屋架。这两种正十一架都通过增加后廊进深形成相应的屋架形制。

七柱正十三架（II+A2+II′）由七柱正十一架带双半缝（I+A2+I′）发展而来。七柱正十三架（II+A2+II′）通过增加后廊进深，形成七柱十三架后拖一架带双全缝（II+A2+III′）和八柱十三架后拖二架带双全缝（II+A2+IV′）。七柱正十三架（II+A2+II′）还有一种特殊的变化路径：在其厅内以前大充柱为草架脊檩做草架，为了使草架双坡前后对应，在厅的前面额外增加一个半缝，形成九柱十三架后拖一架（II+A8+II′）。九柱十三架后拖一架（II+A8+II′）通过增加一步后廊进深成为九柱十三架后拖二架（II+A8+III′）。

十五架和十七架并无正架的样本，都是从其他形制屋架中发展而来。

攒金做法源自苏州帮，在闽东地区（主要是尤溪），攒金主要有两种形制，七柱攒金后用三步（II+B+III'）和七柱攒金后用四步（II+B+IV'）。这些攒金屋架多为二层，且带有副檐廊，其厅内都有草架。

七架之格和七架三间隔也都有所发展，但是样本中数量极少（1～2栋）。七架之格发展成为八柱十三架七架之格（II+C+II' 和（II+C+IV'））。七架三间隔发展为正十一架七架三间隔（II+D+II'）。

参考文献

图　书

[1] 林校生.闽商发展史 宁德卷 [M].厦门：厦门大学出版社，2017.12.

[2] 孙中山.建国方略 [M].武汉：武汉出版社，2011.

[3] （清）李拔，乾隆福宁府志 [M].宁德：宁德地方志编纂委员会，
1990.

[4] 康泽恩.城镇平面格局分析：诺森伯兰郡安尼克案例研究 [M].北京：
中国建筑工业出版社，2011.

[5] CANIGGIA G，MAFFEI G L.Architectural Composition and Building
Typology：Interpreting Basic Building [M].Alinea Editrice，2001.

[6] HILLIER B.Space is the machine [M].Cambridge：Cambridge
University Press，1999.

[7] 齐康.城市建筑 [M].南京：东南大学出版社，2001.

[8] 宛素春.城市空间形态解析 [M].北京：科学出版社，2004

[9] 王树声.黄河晋陕沿岸历史城市人居环境营造研究 [M].北京：中
国建筑工业出版社，2009.

[10] 成一农.古代城市形态研究方法新探 [M].北京：社会科学文献出
版社，2009.

[11] 武进.中国城市形态：结构,特征和演变[M].南京：江苏科技出版社，
1990.

[12] 胡俊.中国城市：模式与演进 [M].北京：中国建筑工业出版社，
1995.

[13] 沈克宁.建筑类型学与城市形态学 [M].北京：中国建筑工业出版社，
2010.

[14] 梁江,孙晖.模式与动因——中国城市中心区的形态演变[M].北京：
中国建筑工业出版社，2007.

[15] 段进,邱国潮.空间研究 5：国外城市形态学概论 [M].南京：东
南大学出版社，2009.

[16] （宋）梁克家修纂,福州市地方志编纂委员会整理.三山志 [M].福州：海风出版社，2000.

[17] （明）黄仲昭修纂.八闽通志 [M].福建省地方志编纂委员会旧志整理组，福建省图书馆特藏部整理.福州：福建人民出版社，1990.

[18] （明）闵文振修纂,校生点校,宁德县志：嘉靖版点校本 [M].福州：福建人民出版社，2015.

[19] （清）卢建其修，（清）张君宾纂,福建省地方志编纂委员会整理.宁德县志 [M].厦门：厦门大学出版社，2012.

[20] （清）刘家谋.鹤场漫志 [M].清道光 28 年（1848 年）.

[21] 卢美松.福建省历史地图集 [M].福州：福建省地图出版社，2004.

[22] 政协蕉城区委员会.宁德民国 [M].宁德：宁德市文化广电新闻出版局，2011.

[23] 政协蕉城区委员会.宁德一都 [M].宁德：宁德市文化广电新闻出版局，2014.

[24] 政协蕉城区委员会.霍童溪流域 [M].宁德：宁德市文化广电新闻出版局，2021.

[25] 政协蕉城区委员会.三都 [M].宁德：宁德市文化广电新闻出版局，2016.

[26] 蔡泽扬.宁德交通志 [M].宁德：福建省宁德市交通局，1993.

[27] 林希顺,宁德市地方志编纂委员会.宁德市志 [M].北京：中华书局，1995.

[28] 谭其骧.谭其骧全集：第 1 卷 [M].北京：人民出版社，2015.

[29] 张驭寰.中国城池史 [M].北京：中国友谊出版公司，2009.

[30] 许嘉璐主编；倪其心分史主编.宋史 第 6 册 [M].上海：汉语大词典出版社，2004.

[31] 缪远.境 一种传统聚落空间形态的构筑模式 [M].北京：九州出版社，2021.

[32] 梁方仲.梁方仲经济史论文集 [M].北京：中华书局 1989.

[33] 宁德市蕉城区茶业协会编.宁川茶脉 [M].北京：中国农业出版社，2015.

[34] 张春林.陆游全集 上 [M].北京：中国文史出版社，1999.

[35] 赵其昌.明实录北京史料 第 3 册 [M].北京：北京出版社，2018.

[36] 徐晓望.福建通史 第 4 卷 明清 [M].福州：福建人民出版社，2006.

[37] （元）熊梦祥.《析津志·天下站名》校释 [M].李之勤校释.西安：三秦出版社，2018.

[38] 朱维幹.福建史著 [M].福州：福建人民出版社，1985.

[39] （美）凯文·林奇.城市意象 [M].方益萍，何晓军译.北京：华夏出版社，2001.

[40] （日）芦原义信.街道的美学 [M].尹培桐译.天津：百花文艺出版社，2006.

[41] 张玉瑜.福建传统大木匠师技艺研究 [M].南京：东南大学出版社，2010.

[42] 罗香林.客家研究导论 [M].台北：众文图书股份有限公司.1981.

[43] 戴志坚.福建民居 [M].北京：中国建筑工业出版社，2009.

[44] 戴志坚.福建古建筑 [M].北京：中国建筑工业出版社，2015.

[45] 刘敦桢.中国住宅概说 [M].天津：百花文艺出版.2004.

[46] 刘致平.中国建筑类型及结构 [M].北京：中国建筑工业出版社，1987.

[47] 刘致平.中国居住建筑简史 [M].北京：中国建筑工业出版社，2000.

[48] 沈黎.香山帮匠作系统研究 [M] 上海：同济大学出版社，2011.

[49] 喻维国，王鲁民.中国木构建筑营造技术 [M].北京：中国建筑工业出版社，1993.

[50] 马炳坚.中国古建筑木作营造技术 [M].北京：中国建筑工业出版社，2003.

[51] 刘大可.中国古建筑营造技术导则 [M].北京：中国建筑工业出版社，2016.

[52] 雍振华.苏式建筑营造技术 [M].北京：中国建筑工业出版社，2014.

[53] 钱达，雍振华．苏州民居营建技术［M］．北京：中国建筑工业出版社，
     2014.

[54] 阮章魁．福州民居营建技术［M］．北京：中国建筑工业出版社，
     2016.

[55] 姚洪峰，黄明珍．泉州民居营建技术［M］．北京：中国建筑工业出
     版社，2016.

[56] 李浈．中国传统建筑形制与工艺［M］．上海：同济大学出版社，
     2015.

[57] 杨莽华，马全宝，姚洪峰．闽南民居传统营造技艺［M］．合肥：安
     徽科学技术出版社，2013.

[58] 尼跃红．北京胡同四合院类型学研究［M］．北京：中国建筑工业出
     版社，2009.

[59] 梁思成．清式营造则例［M］．北京：清华大学版社，2006.

[60] 祝纪楠．《营造法原》诠释［M］．北京：中国建筑工业出版社，
     2012.

[61] 陈耀东．《鲁班经匠家镜》研究——叩开鲁班的大门［M］．北京：
     中国建筑工业出版社，2009.

[62] 李诫．营造法式［M］．北京：中国书店．2006.

[63] （明）午荣，章严．《鲁班经》全集［M］．北京：人民出版社．2018.

[64] 刘志平．中国居住建筑简史——城市、住宅、园林（附：四川住宅建筑）
     ［M］．北京：中国建筑工业出版社，1990.

[65] 黄汉民．福建传统民居类型全集［M］．福建：福建科学技术出版社，
     2016.

[66] 阿尔多·罗西．城市建筑学［M］．北京建筑工业出版社，2006：
     66—69.

[67] N.J.Habraken Palladio's Children，seven essays on everyday
     environment and the architect［M］.Ed.Jonathan Teicher，Oxford
     UK，Taylor & Francis，2005.

[68] N.J.Habraken Support An Alternative to Mass Housing［M］.U.K.Urban
     International Press，2000.

[69] 布野修司 . 大元都市 中国都城の理念と空間構造［M］. 京都大学学术出版会，2015.

[70] 周立军，陈烨 . 中国传统民居形态研究［M］. 哈尔滨：哈尔滨工业大学出版社，2017.

[71] 王效清，王小清 . 中国古建筑术语辞典［M］. 北京：文物出版社，2007.

[72] HABRAKEN N J.The structure of the ordinary： form and control in the built environment［M］.MIT press，2000.

论文集、会议录

[1] 聂彤 . 福建霍童古镇传统民居建筑平面形态特征研究：长沙市人民政府，中国民族建筑研究会 . 中国民族建筑研究会第二十一届学术年会论文特辑 .2018：5.

[2] 朱光亚 . 中国古代建筑区划与谱系研究初探 // 陆元鼎，潘安 . 中国传统民居营造与技术［M］. 广州：华南理工大学出版社，2002：5-9.

[3] 朱光亚 . 中国古代木结构谱系再研究 // 第四届中国建筑史学国际研讨会论文集［M］. 上海：同济大学，2007：385-390.

[4] 张杰 . 闽南古厝民居二维平面量化实验与美学解读：中国民族建筑研究会 . 中国民族建筑研究会第二十届学术年会论文特辑（2017）.2017：261-280.

[5] 朱永春 . 从南方建筑看《营造法式》大木作中几个疑案：中国建筑学会建筑史学分会，中国科学技术史学会建筑史学术委员会 .2015 年中国建筑史学会年会暨学术研讨会论文集（下）［C］.2015：5.

[6] 李乾朗 . 从大木结构探索台湾民居与闽、粤古建筑之渊源：中国建筑学会建筑史学分会民居专业学术委员会，中国文物学会传统建筑园林研究会传统民居学术委员会 . 中国传统民居与文化（第七辑）——中国民居第七届学术会议论文集 .1996：18-22.

[7] OIKONOMOU A. Analysis of the typology and orientation of 19th century traditional architecture in Florina，north-western Greece.

inter-national Conference passive & Low Energy Cooling for the Built Environment，2015.

学位论文

[1] 聂彤.霍童古镇传统聚落建筑形态研究［D］.泉州：华侨大学，2008.

[2] 孙雪艳.宁德传统聚落研究［D］.泉州：华侨大学，2015.

[3] 谷凯.Urban Morphology of the Chinese City：Case for Hainan［D］.Waterloo University（Canada），2002.

[4] 严巍.兰州近现代城市形态变迁研究［D］.南京：东南大学，2016.

[5] 陈锦棠.形态类型视角下20世纪初以来广州住区特征与演进［D］.广州：华南理工大学，2014.

[6] 郑剑艺.澳门内港城市形态演变研究［D］.广州：华南理工大学，2017.

[7] 黄利华.佛山品字街历史街区形态特征及成因研究［D］.广州：华南理工大学，2020.

[8] 薛睿.哈尔滨中心城区形态演进研究（1898-2018）［D］.哈尔滨：哈尔滨工业大学，2020.

[9] 刘炜.湖北古镇的历史、形态与保护研究［D］.武汉：武汉理工大学，2006.

[10] 周红.湖南沅水流域古镇形态及建筑特征研究［D］.武汉：武汉理工大学，2011.

[11] 吴勇.山地城镇空间结构演变研究［D］.重庆：重庆大学，2012.

[12] 姜省.近代广东四邑侨乡的城镇发展与形态研究［D］.广州：华南理工大学，2012.

[13] 徐俊辉.明清时期汉水中游治所城市的空间形态研究［D］.武汉：华中科技大学，2013.

[14] 张昊雁.清代长城北侧城镇研究［D］.天津：天津大学，2016.

[15] 王振宇.山西省治所城市历史格局特征及转译评价研究［D］.武汉：

华中科技大学，2018.

[16] 张妍 . 晋中盆地历史城市变迁研究 [D] . 南京：东南大学，2020.

[17] 蒋枫忠 . 闽东建筑文化的地域性表达研究 [D] . 广州：华南理工大学，2015.

[18] 曾雨婷 . 浙南闽东地区传统民居厅堂平面格局研究 [D] . 杭州：浙江大学，2017.

[19] 姚羿成 . 宗族文化下福温古道沿线（闽地）传统聚落空间形态特征研究 [D] . 武汉：华东理工大学，2020.

[20] 崔方博 . 福建闽东地区传统合院式民居正厅大木构架的类型与量化研究 [D] . 福州：福州大学，2021.

[21] 韦陈燮 . 三都澳港的历史回顾与发展前瞻 [D] . 福州：福建师范大学，2010.

[22] 林金灼 . 环三都澳区域港口—产业—城市联动发展研究 [D] . 福州：福建农林大学，2014.

[23] 宋永和 . 闽东地区"释教"的形成与仪式形态之研究 [D] . 福州：福建师范大学，2011.

[24] 廖艳侠 . 马仙信仰传说的在地化研究 [D] . 福州：福建师范大学，2014.

[25] 张先清 . 官府、宗族与天主教——明清时期闽东福安的乡村教会发展 [D] . 厦门：厦门大学，2003.

[26] 祁刚 . 八至十八世纪闽东北开发之研究 [D] . 上海：复旦大学，2010.

[27] 蔡志鹏 . 明代倭患背景下的闽东地区城市地理研究 [D] . 上海：复旦大学，2013.

[28] 黄菊芳 . 乾隆《福宁府志》研究 [D] . 福州：福建师范大学，2017.

[29] 许建萍 . 闽东地区旧方志研究 [D] . 福州：福建师范大学，2010.

[30] 余清良 . 明代福建地区基层乡治组织研究 [D] . 厦门：厦门大学，2001.

[31] 陈金亮 . 境、境庙与闽东南民间社会 [D] . 福州：福建师范大学，2006.

[32] 黄登峰.宋代城池建设研究［D］.保定：河北大学，2007.

[33] 李招成.城市街廓形态指标体系研究［D］.南京：南京大学，2016.

[34] 彭晨曙.闽中张坑村传统村落与建筑形态研究［D］.厦门：厦门大学，2017.

[35] 马全宝.江南木构架营造技艺比较研究［D］.北京：中国艺术研究院，2013.

[36] 周宏伟.徽州传统民居木构架技艺研究［D］.深圳：深圳大学，2017.

[37] 孔磊.瓯越乡土建筑大木作技术初探［D］.上海：上海交通大学，2008.

[38] 董菁菁.香山帮传统建筑营造技艺研究［D］.青岛：青岛理工大学，2014.

[39] 钱梅景.江南传统木构建筑大木构造技术比较研究［D］.无锡：江南大学，2016.

[40] 唐真.江南私家园林廊空间量化特性研究［D］.南京农业大学硕士学位论文.2009：11

[41] 张延安.建筑类型学下闽南古厝民居二维空间量化研究［D］.武汉：华东理工大学，2017.

[42] 王崇恩.山西传统民居营造技术的初探［D］.太原：太原理工大学，2003.

[43] 黄家平.历史文化村镇保护规划技术研究［D］.广州：华南理工大学，2014.

[44] 余英.中国东南系建筑区系类型研究［D］.广东：华南理工大学，1997.DOI：10.7666/d.Y261400.

[45] 戴志坚.闽海系民居建筑与文化研究［D］.广东：华南理工大学，2000.DOI：10.7666/d.Y336243.

[46] 陣内秀信.中国北京における都市空間の構成原理と近代の変容過程に関する研究1·2［D］，住総建研究No9302·No9401、住宅総合研究財団，1996.12

[47] 赵冲.福建·港市における住居類型の形成、変容に関する研究［D］.

日本滋賀県立大学博士学位论文，2013.

[48] 汪丽君.广义建筑类型学研究［D］.天津大学博士学位论文，2002：218-220.

[49] 辛颖.基于建筑类型学的城市滨水景观空间研究［D］.北京林业大学博士学位论文，2013.

[50] 浦欣成.传统乡村聚落二维平面整体形态的量化方法研究［D］.浙江大学博士学位论文，2012.

期刊中析出的文献

[1] 简万宁.非物质文化遗产概念中"非物质形态"的讨论［J］.东南文化，2014（01）：12-16.

[2] 欧文·劳斯，潘艳，陈洪波.考古学中的聚落形态［J］.南方文物，2007（03）：94-98+93.

[3] 李旭，李平，罗丹，等.城市形态基因研究的热点演化、现状评述与趋势展望［J］.城市发展研究，2019，26（10）：67-75.

[4] MURATORI S.Studi per una operante storia urbana di venezia ［J］．Palladio，1960.

[5] 陈锦棠，姚圣，田银生.形态类型学理论以及本土化的探明［J］.国际城市规划，2017，32（02）：57-64.

[6] MOUDONA V.Urban morphology as an emerging Interdisciplinary field ［J］.Urban Morphology，1997，1（1）：3-10.

[7] 吴良镛.寻找失去的东方城市设计传统——从一幅古地图所展示的中国城市设计艺术谈起［J］.建筑史论文集，2000，12（01）：1-6+228.

[8] 谷凯.城市形态的理论与方法探索——全面与理性的研究框架［J］.城市规划，2001，25（12）：36-41.

[9] 沈克宁.意大利建筑师阿尔多·罗西［J］.世界建筑，1988（06）：50-57.

[10] 段进,邱国潮.国外城市形态学研究的兴起与发展[J].城市规划学刊，2008（05）：34-42.

[11] 陈泳.古代苏州城市形态演化研究 [J].城市规划学刊,2002（03）：40-48.

[12] 陈泳.近现代苏州城市形态演化研究 [J].城市规划汇刊,2003（06）：62-71+96.

[13] 陈泳.当代苏州城市形态演化研究 [J].城市规划学刊,2006（03）：36-44.

[14] 姚圣,陈锦棠,田银生.康泽恩城市形态区域化理论在中国应用的困境及破解 [J].城市发展研究,2013（3）：中彩页 1- 中彩页 4.

[15] 陈飞.一个新的研究框架：城市形态类型学在中国的应用 [J].建筑学报,2010（04）：85-90.

[16] 张蕾.国外城市形态学研究及其启示 [J].人文地理,2010,25（03）：90-95.

[17] 魏伟,夏俊楠,万彬.西藏城镇传统空间的形态特征及类型研究 [J].城市规划学刊,2016（04）：102-111.

[18] 牛强,鄢金明,夏源.城市设计定量分析方法研究概述 [J].国际城市规划,2017,32（06）：61-68.

[19] 张晓涛.地名中的文化现象浅议 [J].哈尔滨商业大学学报（社会科学版）,2004（05）：121-123.

[20] 林校生.宋代闽东北海盐产销与"盐赏改秩" [J].福州大学学报（哲学社会科学版）,2017,31（04）：5-11.

[21] 曾玲.明代中后期的福建盐业经济[J].中国社会经济史研究,1987(1)：53-61.

[22] 陶伟,陈红叶,林杰勇.句法视角下广州传统村落空间形态及认知研究 [J].地理学报,2013,68（02）：209-218.

[23] 罗景烈.福州地区传统民居木构梁架特征 [J].古建园林技术,2016（04）：56-59.

[24] 傅劼.从建筑类型学开始 [J].建筑知识,2011,31（11）：131.

[25] 張葉茜,杉野丞,沢田多喜二.中国·徽州地方の祠堂建築に関する研究 歙県を中心とする祠堂建築の分類と分布 [J].日本建築学会計画系論文集,2017,82（732）：527-537.

[26] 赵冲，布野修司，川井操，等.学院門社区（開封旧内城）の住居類型とその変容に関する考察 [J].日本建筑学会建筑与规划学报，2015，80（710）：777-7840

[27] 林琳.穿斗式大木构架类型的属性与构造 [J].建筑史，2017（01）：20-29.

[28] 范超，朱永春.穿斗式大木构架建筑中的斗拱——以南方传统建筑为中心 [J].建筑学报，2013（A1）：127-131.

[29] 关瑞明，吴子良，方维.福州传统民居中福寿砖的特征及其应用 [J].建筑技艺，2018（12）：100-101.

[30] 方维，关瑞明，吴任平.福州传统民居中瓦砾墙的特征及其应用 [J].建筑技艺，2016（05）：122-124.

[31] 孙智，关瑞明，林少鹏.福州三坊七巷传统民居建筑封火墙的形式与内涵 [J].福建建筑，2011（03）：51-54.

[32] 赵冲，张鹰，诸汉涛.武夷山古建聚落的空间构成及其演变的研究——以城村为例 [J].华中建筑，2016，34（02）：90-94.

[33] 周易知.东南沿海地区传统民居斗拱挑檐做法谱系研究[J].建筑学报，2016（S1）：103-107.

[34] 范晋源，李建，周兰兰.沙县传统民居平面及空间布局研究——以东门东大路罗家宅为例 [J].中外建筑，2018（09）：62-64.

[35] 石峰，金伟.福州"多进天井式"民居天井几何形态对建筑风环境的影响研究——以琴江村"黄恩禄故居"为例 [J].建筑学报，2016（S1）：18-21.

[36] 成丽，顾煌杰.闽南沿海传统民居平面尺度规律研究——以泉州市泉港土坑村为例 [J].建筑遗产，2019（01）：35-42.

[37] 李浈.营造意为贵，匠艺能者师——泛江南地域乡土建筑营造技艺整体性研究的意义、思路与方法 [J].建筑学报，2016（02）：78-83.

[38] 李浈，雷冬霞.中国南方传统营造技艺区划与谱系研究——对传播学理论与方法的借鉴 [J].建筑遗产，2018（03）：16-21.

[39] 王冬.关于乡土建筑建造技术研究的若干问题 [J].华中建筑，

2003（04）：52-54.

[40] 肖旻.试论古建筑木构架类型在历史演进中的关系［J］.华夏考古，
2005（01）：69-74.

[41] 陈志华.怎样判定乡土建筑的建造年代［J］.中国文物科学研究，
2006（03）：48-50.

[42] 李浈.官尺·营造尺·乡尺：古代营造实践中用尺制度再探［J］.建
筑师，2014（05）：88-94.

[43] 李浈，杨达.固本留源关于中国传统木构建筑的构造特征及其当代
传承的探讨［J］.时代 A.10 电子资源

[44] 陆元鼎.南方地区传统建筑的通风与防热［J］.建筑学报，1978（04）.

[45] 阮仪三，铃木充，徐民苏.中国苏州传统民居形成的研究［J］.同
济大学学报，1990（04）：452.

[46] 陆琦.传统民居装饰的文化内涵［J］.华中建筑，1998（02）：131-
132+135.

[47] 朱怿,关瑞明.泉州传统民居的砖石构筑工艺及其启示[J].中外建筑，
2001（03）：28-29.

[48] 郑玮锋.南平洛洋村传统民居研究［J］.福建建筑，2001（04）：
19-21.

[49] 陆元鼎.建筑创作与地域文化的传承［J］.华中建筑，2010,28（01）：
1-3.

[50] 汪之力.闽粤乡村传统民居与新建住宅的调查［J］.建筑学报，
1986（10）：38-43+84.

电子资源

[1] 福建省人民政府.福建省人民政府办公厅关于印发福建省"十四五"
海洋强省建设专项规划的通知［EB/OL］.https：//www.fujIan.gov.cn/
zwgk/ghjh/ghxx/202111/t20211124_5780320.htm.

[2] Yale university library.Fields and landscape，Fujian，China，ca.1935［EB/
OL］.https：//findit.library.yale.edu/catalog/digcoll：993882.

[3] 宁德市人民政府.宁德概况.［EB/OL］.https：//www.ningde.gov.cn/zjnd/.

[4] 蕉城在线.鸾鹤江山亦自奇——蕉城百年老照片补充解读.［EB/OL］.http：//www.ndnews.cn/2020/1028/49284.html.

[5] 宁德市人民政府.宁德撤地设市20周年新闻发布会.［EB/OL］.http：//www.ningde.gov.cn/jdhy/xwfbh/202011/t20201111_1392150.html.

后 记

后　记

此书即将付梓，回想过去，感慨甚多。

城市组织研究的对象本应该在城市，福建省传统民居建筑类型多样，更多类型集中在城镇或乡村。福建省民居样式多、杂、奇，戴志坚教授开启了福建民居研究的先河。作为"乡土建筑"研究的重要部分，福建民居的分类除了与方言等有关外，其类型之间究竟存在怎样的关联性，一直是著者感兴趣的问题。希望在不久的将来，从建筑类型学的角度对福建省内的传统民居样式进行系统整理并再出版成书。

另外，"店屋"或"街屋"研究仍是尚未完成的课题，其起源一直是学界关注的重点。以往的研究范围，主要集中在我国的南方地区、台湾地区和港澳特别行政区，以及东南亚等国家，近期的研究发现印度古吉拉特的苏拉特，也有大量称为"GARA"的类似"街屋"的民居样式。早期，中国商人也曾到达于此，是否也和马来半岛、缅甸、柬埔寨"街屋"一样，是受中华建筑文化影响形成的呢？从"海上丝绸之路"沿线城市和传统民居研究的新视野，比较我国华人的祖籍地、东南亚华人的聚集地、南亚华人聚集地的空间特征和民居的起源、传播及其演变，是今后不断研究的方向。通过构建该沿线传统民居空间组织的"基因图谱"，来揭示中国传统文化对各个地区产生的文化影响。

2008 年夏天跟随恩师布野修司先生开始从事亚洲"城市组织"研究，调查地点是泉州，因此泉州算是我研究的"原点"。留学期间，多次参加亚洲的城市、传统民居调查工作及各类学术活动，足迹虽遍布祖国大江南北及东南亚、南亚的众多城市，但研究的兴趣始终围绕着海洋城市及其传统民居。在福州调研期间，多次拜访时任院长的关瑞明教授和时任副院长的张鹰教授，二人在我研究初期给予了极大的关怀和鼓励。

留学归国已经是第 10 个年头，回国前一天晚上的送行会上，恩师希望我尽快将博士论文出版，很是惭愧，迟迟没有完成，原因是总觉得内容不够完善。到福州大学任职后，我扩大了博士论文的研究范围，重新整理了新的研究思路。本书的构成，离不开研究团队的共同努力。本书的第二章内容，是研究生庄周怡东的研究方向，着重研究海洋城市的空间形态。第三章中，民居平面类型以及类型量化研究部分，是我的第一位硕士研究生庄馨蕾的部分成果。第四章将研究目标锁定在传统民居大木构架的类型量化上，是与硕士研究生崔方博共同研究的成果。

本书能够顺利成稿，感谢泉州市副市长陈小辉教授长期对我的帮助和支持。也感谢福州大学建筑与城乡规划学院郑翔书记、罗涛院长的鼓励，以及福州大学的同仁戴志坚教授、严巍副教授。也要感谢浙江大学的王晖教授、中央美术学院的朱宁宁副教授，给予我很大的启示和帮助。福建工程学院的姚洪峰教授，在民居保护实践方面提供了资料和无私的支持，表示诚挚的感谢。

还要特别感谢上海交通大学刘杰教授，为本书写序。刘教授是前辈，相识是在一次国际学术研讨会上。我的恩师的学术报告，刘教授是主持，我在为恩师做翻译。之后多次到交大拜访，畅谈建筑人物、建筑历史、华侨民居。此次对本书提出了意见和建议，使本书日臻完善。

在整理书稿时，我的研究生周怡东、孔林港、黄宇琛等人帮助修改图片和文字校对，在此一并感谢。

最后要感谢国家自然科学基金委，从青年项目到面上项目，为我在学术研究之路上提供了经费支持，方得专心做好科学研究。

本书成稿仓促，存在不足之处期待日后专家学者指点，不断加以完善。

赵　冲

2022 年夏　于日本兵库县